Prof. Enos Masheija Rwantale Kiremire

AGLOMERADOS QUÍMICOS DOS NÚMEROS ESQUELÉTICOS AOS ÍNDICES DE COBERTURA

Prof. Enos Masheija Rwantale Kiremire

AGLOMERADOS QUÍMICOS DOS NÚMEROS ESQUELÉTICOS AOS ÍNDICES DE COBERTURA

AGLOMERADOS QUÍMICOS DOS NÚMEROS ESQUELÉTICOS AOS ÍNDICES DE COBERTURA

INTRODUÇÃO

Centenas de grupos químicos dos elementos do grupo principal, de transição, lantanídeos e actinídeos foram analisados e categorizados utilizando números esqueléticos. Este trabalho publicado por Lambert foi bem recebido e circulou em todo o mundo. Após uma análise mais aprofundada, descobriu-se que duas das equações podem ser organizadas de modo a produzir uma equação simples que pode gerar toda a informação sobre os aglomerados que estava a ser obtida utilizando números esqueléticos.

Estas equações são:
$VE=VF=14z+2+12y$ e
$n=z+y$

A nova equação derivada destas duas é:
$VF-12n=2z+2$

Uma vez que VF pode ser facilmente calculado a partir da fórmula de agrupamento e é também obtido a partir das fórmulas de agrupamento, o índice z é facilmente calculado e, consequentemente, o índice y. Isto significa que o parâmetro de categorização $K^*=D\ C^{zy}$ é facilmente obtido sem utilizar números esqueléticos. A partir de K^*, podemos calcular o número do cluster, obter os electrões de valência do cluster e as geometrias isoméricas dos clusters.

Além disso, para facilitar a consulta, foi incluído um resumo das leis naturais dos grupos químicos, bem como uma tabela periódica recém-construída com números esqueléticos.

AS LEIS NATURAIS DOS AGLOMERADOS QUÍMICOS

1. NÚMERO ESQUELÉTICO (k)

Mede o défice de electrões exigido por um elemento ou elemento químico para que este atinja a configuração de gás nobre. Os elementos do grupo principal necessitam de um total de oito electrões de valência para atingirem a configuração de gás nobre. Os metais de transição necessitam de 18 electrões para atingirem a configuração de gás nobre, enquanto um elemento lantanídeo ou actinídeo necessita de 32 electrões. Os números de esqueleto de 118 elementos químicos foram descobertos pela teoria dos clusters.

2. O k assume os valores que são múltiplos de 0,5

3. Valência esquelética V=2k

A valência esquelética v indica o número de ligações químicas que podem ser ligadas a um determinado elemento esquelético. Por exemplo, o Boro tem um valor k de 2,5, logo a sua valência esquelética será igual a 5. É por isso que forma um complexo $F=BH_4^{-1}$. Por outro lado, o carbono, com um k=2, tem uma valência esquelética de 4 e, por isso, pode formar um complexo como $F=CH_4$

4. O $K=\sum k_i$, O K é a soma de todos os números esqueléticos dos elementos químicos e ligandos dentro da fórmula do cluster.

5. O valor K é sempre um número inteiro.

6. K=n+t onde **o** próprio **K** representa todas as ligações esqueléticas dentro da fórmula do cluster, e **n** representa as ligações esqueléticas primárias, e **t** as ligações esqueléticas secundárias.

7. A partir de K=n+t, podemos deduzir a fórmula **SHAPE** de um agregado.

8. K representa a escassez de pares de electrões numa fórmula de grupo que são necessários para cada um dos elementos esqueléticos para obter uma configuração de gás nobre.

9. O $\mathbf{K^*=D\ C^{zy}}$, em que $\mathbf{D^z}$ representa um conjunto de elementos esqueléticos que se encontram normalmente no núcleo e $\mathbf{C^y}$ representa outro conjunto de elementos esqueléticos que se encontram na camada exterior. K^* é também referido como o parâmetro de categorização. O parâmetro de categorização permite-nos organizar todos os grupos químicos numa **TABELA PERIÓDICA**, tal como o número atómico Z nos permite organizar os elementos químicos numa tabela periódica.

10. Os super-escritos ^{z} e^y no parâmetro de categorização estão inter-relacionados através de z+y=n, em que n é a soma de todos os elementos esqueléticos numa fórmula de agrupamento.

11. A descoberta de um Núcleo de Aglomerado. Descobriu-se que alguns aglomerados possuem núcleos de aglomerados.

EQUAÇÕES DOS ELECTRÕES DE VALÊNCIA

ELEMENTOS DO GRUPO PRINCIPAL.

12. VE = 4n + q, em que **n** é o número de elementos esqueléticos numa fórmula de agregado e **q** é uma variável numérica.

13. VE = 8n - 2K, em que **n** é o número de elementos esqueléticos numa fórmula de agrupamento e **K** é um número de agrupamento da fórmula.

14. VE = 4z + 2 + 2y em que z e y são derivados do parâmetro de categorização.

15. VF-2n=2z+2;(grupo principal)

16. VF-4n=2-2y;(grupo principal)

METAIS DE TRANSIÇÃO

17. $VE = 14n + q$
18. $VE = 18n - 2K$
19. $VE = 14z + 2 + 12y$
20. $VF-12n=2z+2:(TM)$
21. $VF-14n=2-2y; (TM)$

LANTANÍDEOS E ACTINÍDEOS

22. $VE = 28n + q$
23. $VE = 32n - 2K$
24. $VE = 28z + 2 + 26y$
25. $VF-26n=2z+2; (L/A)$
26. $VF-28n=2-2y; (L/A)$
27. Os electrões de valência **VE** são geralmente um número par.

TEORIAS DE AGLOMERADOS QUÍMICOS.

28. Teoria da dupla cobertura que se refere a **$K^*=D\ C^{zy}$ $(z+y =n)$** e abrange uma vasta gama de aglomerados, desde hidrocarbonetos a carbonilos metálicos e aglomerados metálicos.
29. Teoria dos anéis para a construção de formas de aglomerados químicos.
30. Teoria da mutação de anéis para a construção de isómeros de hidrocarbonetos.
31. $K=2n\pm q$
32. Teoria da convergência; e confirmação das seguintes leis naturais
* Regra dos 8 electrões, elementos do grupo principal
* Regra dos 18 electrões, metais de transição
* 32 regras electrónicas, lantanídeos e actinídeos
33. Os elementos esqueléticos possuem números esqueléticos positivos, enquanto os ligandos possuem números esqueléticos negativos. Por cada eletrão doado pelo ligando, $k=-0,5$.
34. Todas as fórmulas de cluster possuem números de cluster (K) que são números inteiros. As fórmulas de cluster neutras têm números de cluster não fraccionários; caso contrário, será

incluída uma carga negativa ou positiva para que a fórmula de cluster tenha um número de cluster não fracionário. Uma fórmula de agregado carregada está normalmente associada a elementos esqueléticos que têm números esqueléticos fraccionários em múltiplos de 0,5

35. A descoberta do duplo sentido da ligação química.

36. Relações isolobais entre clusters utilizando o número de cluster.

37. Geração da SÉRIE ALKANE A PARTIR DE CH_4 (K=0) e CH_2 (K=1)

38. AS FORMAS RESSONANTES DOS AGLOMERADOS OBEDECEM À LEI NATURAL DOS NÚMEROS ESQUELÉTICOS

REALIZAÇÕES DA TEORIA DOS CLUSTERS

1. Hidrocarbonetos.
A teoria dos clusters tem sido capaz de explicar a ordem e as formas dos hidrocarbonetos
2. Boranes.
A teoria dos clusters tem sido capaz de explicar a ordem e as formas dos Boranes.
3. Heteroboranos
4. Metaloboranos.
A teoria dos clusters tem sido capaz de explicar a ordem e as formas dos metaloboranos.
5. Aglomerados de Ouro.
A teoria dos aglomerados tem sido capaz de explicar a ordem e as formas dos aglomerados dourados.
6. Aglomerados de iões Zintl.
A teoria dos aglomerados tem sido capaz de explicar a ordem e a forma dos aglomerados de iões de zinco.
7. Aglomerados de Matryoshka.
A teoria dos aglomerados conseguiu explicar a ordem e as formas dos aglomerados de matryoshka.
8. Aglomerados de carbonilo metálico.
A teoria dos aglomerados tem sido capaz de explicar a ordem e a forma dos aglomerados de carbonilo metálico.
9. Lantanídeos e Actinídeos.
10. Complexos de sanduíches
A teoria dos clusters foi capaz de explicar a ordem e a forma dos lantanídeos e actinídeos.

POTENCIAIS APLICAÇÕES INDUSTRIAIS DA TEORIA DOS CLUSTERS

1. Catálise.

Mais de 90% dos compostos químicos industriais são produzidos com recurso a catalisadores.

2. Supercondutores.

A teoria dos aglomerados pode ser utilizada para identificar compostos que tenham propriedades de supercondutividade. Os materiais que possuem propriedades de supercondutividade são amplamente utilizados no fabrico de computadores de alta velocidade, comboios de alta velocidade e equipamento médico como a ressonância magnética (**MRI**). Estas máquinas são utilizadas para detetar doenças como os tumores cerebrais. Além disso, são utilizadas no fabrico de equipamento utilizado na investigação, incluindo a **RMN** (Ressonância Magnética Nuclear).

3. DESVIO DE SÍNTESE QUÍMICA

Isto significa que será possível sintetizar determinados produtos químicos sem recorrer a técnicas analíticas como o IR (infravermelho), o UV (ultravioleta) e a espetroscopia de massa (espetroscopia de massa). Apenas a análise XRAY é de importância vital neste contexto, pelo que os métodos XRAY podem ser utilizados em conjunto com a teoria dos aglomerados para obter resultados de análise XRAY de alta resolução. Isto irá criar um enorme impulso na indústria química.

4. DEFESA E SEGURANÇA

[st]A transformação de uma fórmula química num número a partir do qual se pode gerar uma forma de aglomerado é um avanço importante nas descobertas do século XXI. A digitalização dos aglomerados químicos poderá, a longo prazo, ser aplicada no domínio das aplicações militares.

5. Análise estrutural de cristais de raios X

A TABELA PERIÓDICA COM NÚMEROS ESQUELÉTICOS

Key

element name / atomic number / **symbol** / skeletal number

Periodic table with skeletal numbers. Each cell lists: element name, atomic number, **symbol**, skeletal number.

1	2	3	4	5	6	7	8	9	10	11	12	13	14	15	16	17	18
hydrogen 1 **H** 0.5																	helium 2 **He** 0
lithium 3 **Li** 3.5	beryllium 4 **Be** 3											boron 5 **B** 2.5	carbon 6 **C** 2	nitrogen 7 **N** 1.5	oxygen 8 **O** 1	fluorine 9 **F** 0.5	neon 10 **Ne** 0
sodium 11 **Na** 3.5	magnesium 12 **Mg** 3											aluminium 13 **Al** 2.5	silicon 14 **Si** 2	phosphorus 15 **P** 1.5	sulphur 16 **S** 1	chlorine 17 **Cl** 0.5	argon 18 **Ar** 0
potassium 19 **K** 3.5	calcium 20 **Ca** 3	scandium 21 **Sc** 7.5	titanium 22 **Ti** 7	vanadium 23 **V** 6.5	chromium 24 **Cr** 6	manganese 25 **Mn** 5.5	iron 26 **Fe** 5	cobalt 27 **Co** 4.5	nickel 28 **Ni** 4	copper 29 **Cu** 3.5	zinc 30 **Zn** 3	gallium 31 **Ga** 2.5	germanium 32 **Ge** 2	arsenic 33 **As** 1.5	selenium 34 **Se** 1	bromine 35 **Br** 0.5	krypton 36 **Kr** 0
rubidium 37 **Rb** 3.5	strontium 38 **Sr** 3	yttrium 39 **Y** 7.5	zirconium 40 **Zr** 7	niobium 41 **Nb** 6.5	molybdenum 42 **Mo** 6	technetium 43 **Tc** 5.5	ruthenium 44 **Ru** 5	rhodium 45 **Rh** 4.5	palladium 46 **Pd** 4	silver 47 **Ag** 3.5	cadmium 48 **Cd** 3	indium 49 **In** 2.5	tin 50 **Sn** 2	antimony 51 **Sb** 1.5	tellurium 52 **Te** 1	iodine 53 **I** 0.5	xenon 54 **Xe** 0
caesium 55 **Cs** 3.5	barium 56 **Ba** 3		hafnium 72 **Hf** 7	tantalum 73 **Ta** 6.5	tungsten 74 **W** 6	rhenium 75 **Re** 5.5	osmium 76 **Os** 5	iridium 77 **Ir** 4.5	platinum 78 **Pt** 4	gold 79 **Au** 3.5	mercury 80 **Hg** 3	thallium 81 **Tl** 2.5	lead 82 **Pb** 2	bismuth 83 **Bi** 1.5	polonium 84 **Po** 1	astatine 85 **At** 0.5	radon 86 **Rn** 0
francium 87 **Fr** 3.5	radium 88 **Ra** 3		rutherfordium 104 **Rf** 7	dubnium 105 **Db** 6.5	seaborgium 106 **Sg** 6	bohrium 107 **Bh** 5.5	hassium 108 **Hs** 5	meitnerium 109 **Mt** 4.5	darmstadtium 110 **Ds** 4	roentgenium 111 **Rg** 3.5	ununbium 112 **Uub** 3						

lanthanum 57 **La** 14.5	cerium 58 **Ce** 14	praseodymium 59 **Pr** 13.5	neodymium 60 **Nd** 13	promethium 61 **Pm** 12.5	samarium 62 **Sm** 12	europium 63 **Eu** 11.5	gadolinium 64 **Gd** 11	terbium 65 **Tb** 10.5	dysprosium 66 **Dy** 10	holmium 67 **Ho** 9.5	erbium 68 **Er** 9	thulium 69 **Tm** 8.5	ytterbium 70 **Yb** 8	lutetium 71 **Lu** 7.5
actinium 89 **Ac** 14.5	thorium 90 **Th** 14	protactinium 91 **Pa** 13.5	uranium 92 **U** 13	neptunium 93 **Np** 12.5	plutonium 94 **Pu** 12	americium 95 **Am** 11.5	curium 96 **Cm** 11	berkelium 97 **Bk** 10.5	californium 98 **Cf** 10	einsteinium 99 **Es** 9.5	fermium 100 **Fm** 9	mendelevium 101 **Md** 8.5	nobelium 102 **No** 8	lawrencium 103 **Lr** 7.5

<u>**DERIVAÇÃO DAS NOVAS FÓRMULAS DE CLUSTER PARA O CÁLCULO DOS ÍNDICES DE NIVELAMENTO**</u>

FÓRMULA DE AGRUPAMENTO(F)

$F = A\,B_{pq}$

(A= elemento esquelético, B= ligando)

$n = p$

$VF = p(Va) + q(Vb)$

Va=electrões de valência de A

Vb= electrões de valência de B

$K^* = D\,C^{zy}$

ELEMENTOS DE TRANSIÇÃO

$VF = 14z + 2 + 12y \ldots\ldots(1)$

$n = z + y \ldots\ldots(2)$

$(2) \times 14$

$14n = 14z + 14y \ldots\ldots(3)$

$(1)-(3)$

$VF - 14n = 2 - 2y \ldots(4)$

$(1) \times 12$

$12n = 12z + 12y \ldots\ldots(5)$

$(1)-(5)$

$VF - 12n = 2z + 2$

(6)

ELEMENTOS DO GRUPO PRINCIPAL

$VF=4z+2+2y.......(i)$

$n=z+y.....(ii)$

$(ii)x2$

$2n=2z+2y....(iii)$

$(i)-(iii)$

$\underline{VF-2n=2z+2}$

$(ii)x4$

$4n=4z+4y.....(iv)$

$(i)-(iv)$

$\underline{VF-4n=2-2y}$

LANTANÍDEOS/ACTNÍDEOS

$VF=28z+2+26y.........(i)$

$n=z+y......(ii)$

$(ii)x26$

$26n=26z+26y......(iii)$

$(i)-(iii)$

$\underline{VF-26n=2z+2}$

$(ii)x28$

$28n=28z+28y......(iv)$

$\underline{VF-28n=2-2y}$

R-1: $F=Os_6 (CO)_{21}$

$n=6$

$VF=90$

$K^*=D\ C^{zy}$

$z+y=n=6$

$VF=90$

$2+2z=VF-12n=90-12(6)=18$

$2z=16$

$z=8$

$y=n-z=6-8=-2$

$K^*=D\ C^{8\text{-}2}$

$K=2z-1+3y=2(8)-1+3(-2)=9$

$K=6(5) + 21(-1) =9$

$VE=18n-2K=18(6)-2(9) =90$

$K=2n-3$

$S=4n+6$

$VE=14n+6=14(6) +6=90$

R-2: $F = Ru_6 (CO)_{18}^{2-}$

$n = 6$

$VF = 86$

$K^* = D\ C^{zy}$

$z + y = n = 6$

$2z + 2 = VF - 12n = 86 - 12(6) = 14$

$2z = 12$

$z = 6$

$y = 0$

$K^* = D\ C^{60}$

O aglomerado tem uma forma octaédrica esquelética (O_h).

$K = 2z - 1 + 3y = 2(6) - 1 + 3(0) = 11$

$K(n) = 11(6)$

$K = n + t = 6 + 5$

Os: $k = 5$, $V = 2k = 10$

$VE = 18n - 2K = 18(6) - 2(11) = 86$

$K = 2n - 1$

$S = 4n + 2$

$VE = 14n + 2 = 14(6) + 2 = 86$

:CO $\rightarrow$Representa duas ligações, uma vez que é um dador de dois electrões. Portanto, $V = 10$ para o elemento esquelético ósmio significa que em cada ponto nodal da geometria esquelética, teremos 10 ligações esqueléticas.

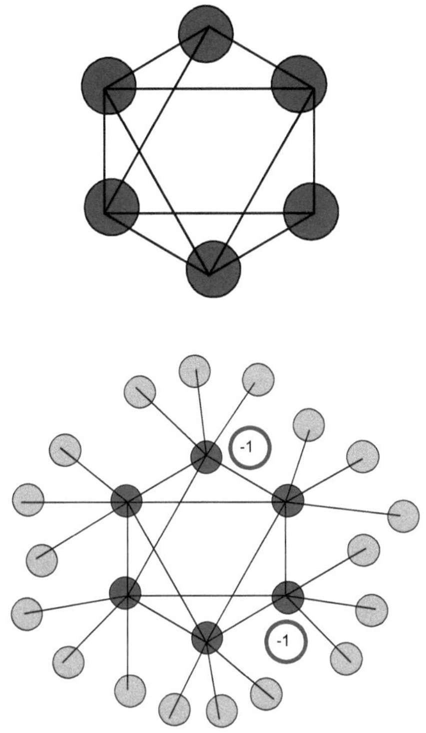

Figura 1.

R-3: $F = Os_7(CO)_{21}$

$K^* = D\ C^{zy}$

$n = 7$

$z + y = n = 7$

$VF = 98$

$2 - 2y = VF - 14n = 98 - 14(7) = 0$

$2y = 2$

$y = 1$

$z = 6$

K*=D C[61]

K=2z-1+3y=2(6)-1+3(1) =14

K=7(5) +21(-1) =14

K(n)=14(7)

VE=18n-2K=18(7)-2(14)=98

K=2n-0

S=4n+0

VE=14n+0=14(7)+0=98

K=n+t=7+7

Os: k=5, V=2k=10

As ligações em cada ponto nodal=10.

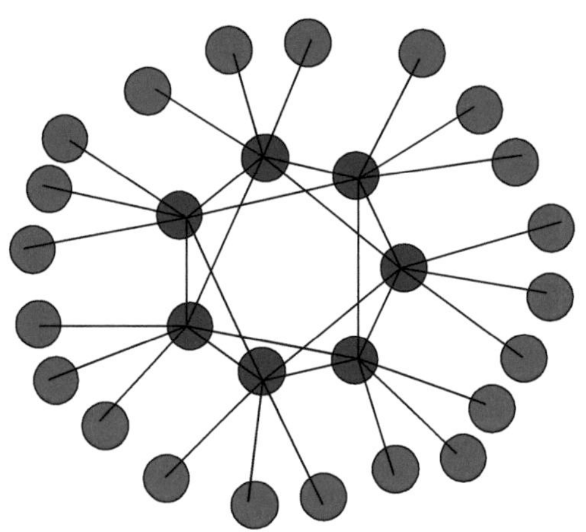

Figura 2.

R-4: F=Os_6 Pd(CO) L_{182}

n=7

VF=98

K*=D C^{zy}

$z+y=n=7$

$2+2z=VF-12n=98-12(7)=14$

$2z=12$

$Z=6$

$y=1$

K*=D C^{61}

$K=2z-1+3y=2(6)-1+3(1)=14$

$K(n)=14(7)$

$K=n+t=7+7$

$VE=18n-2K=18(7)-2(14)=98$

$K=2n-0$

$S=4n+0$

$VE=14n+0=14(7)+0=98$

R-5: $F=Rh_6 Ni(CO)_{16}^{2-}$

$n=7$

K*=D C^{zy}

$VF=98$

$2z+2=VF-12n=98-84=14$

$2z=12$

$z=6$

$y=1$

K*=D C^{61}

$K=2z-1+3y=2(6)-1+3(1)=14$

$K(n)=14(7)$

$K=n+t=7+7$

$VE = 18n - 2K = 18(7) - 2(14) = 98$

$K = 2n - 0$

$S = 4n + 0$

$VE = 14n + 0 = 14(7) + 0 = 98$

$VE = 14n + 0 = 14(7) + 0 = 98$

R-6: $F = Rh_7(CO)_{16}^{3-}$

$n = 7$

$VF = 98$

$K^* = D\ C^{zy}$

$z + y = n = 7$

$2 + 2z = VF - 12n = 98 - 12(7) = 14$

$2z = 12$

$z = 6$

$y = 1$

$\mathbf{K^* = D\ C^{61}}$

$K = 2z - 1 + 3y = 2(6) - 1 + 3(1) = 14$

$K(n) = 14(7)$

$K = n + t = 7 + 7$

$VE = 18n - 2K = 18(7) - 2(14) = 98$

$K = 2n - 0$

$S = 4n + 0$

$VE = 14n + 0 = 14(7) + 0 = 98$

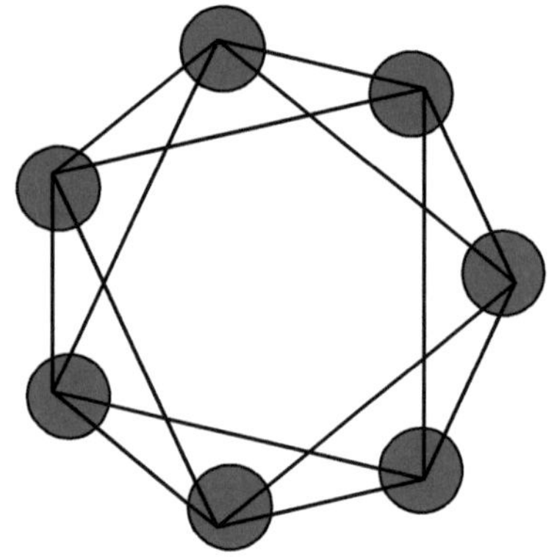

Figura 3.

O aglomerado tem uma geometria octaédrica mono-capada.

Rh: k=4,5, V=2k=9

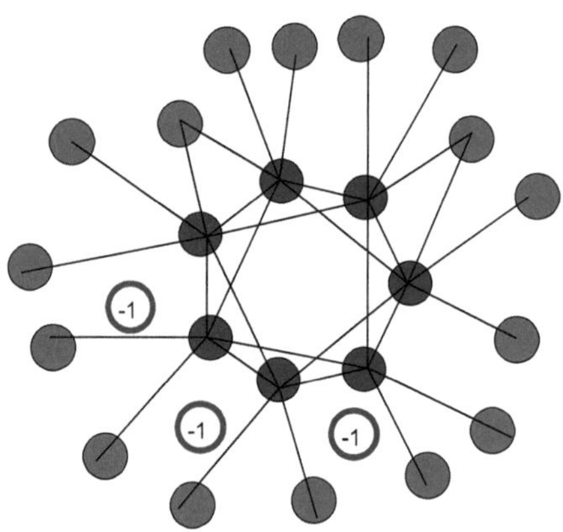

Figura 4.

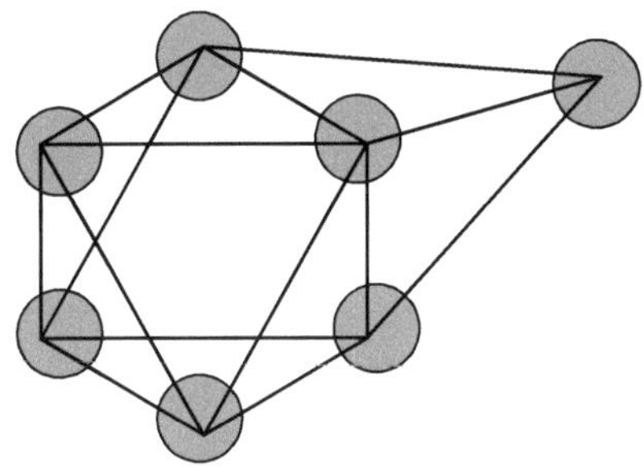

Figura 5.

Forma octaédrica mono-capada.

R-7: $F = Os_6 Rh(H_2)(CO)_{20}^{1-}$

$n = 7$

$VF = 100$

$VF - 12n = 100 - 12(7) = 16 = 2z + 2$

$2z = 14$

$z = 7$

$y = 0$

K* = D C^{70}

$K = 2z - 1 + 3y = 2(7) - 1 + 3(0) = 13$

$VE = 18n - 2K = 18(7) - 2(13) = 100$

$K = 2n - 1$

$S = 4n + 2$

$VE = 14n + 2 = 14(7) + 2 = 100$

R-8: $F = Au\ L_{8}\ _{8}^{2+}$

$n=8$

$VF=102$

$K^* = D\ C^{zy}$

$z+y=n=8$

$2+2z=VF-12n=102-12(8)=6$

$2z=4$

$z=2$

$y=6$

$K^* = D\ C^{26}$

$K=2z-1+3y=2(2)-1+3(6)=21$

$K=8(3.5)+8(-1)+2(0.5)=21$

$VE=18n-2K=18(8)-2(21)=102$

$K=2n+5$

$S=4n-10$

$VE=14n-10=14(8)-10=102$

R-9: $F = Au\ L_{8}\ _{7}^{2+}$

$n = 8$

$VF = 100$

$K^* = D\ C^{zy}$

$z + y = n = 8$

$2 - 2y = VF - 14n = 100 - 14(8) = -12$

$2y = 14$

$y = 7,\ z = 1$

$\mathbf{K^* = D\ C = D\ C^{zy17}}$

$K = 2z - 1 + 3y = 2(1) - 1 + 3(7) = 22$

$K = 8(3.5) + 7(-1) + 2(0.5) = 22$

$VE = 18n - 2K = 18(8) - 2(22) = 100$

$K = 2n + 6$

$S = 4n - 12$

$VE = 14n - 12 = 14(8) - 12 = 100$

R-10: $F = Au\ L_{9\,8}^{3+}$

$n=9$

$VF=112$

$K^*=D\ C^{zy}$

$z+y=n=9$

$2+2z=VF-12n=112-12(9)=4$

$2z=2$

$z=1$

$y=8$

$K^*=D\ C^{zy}$

$K^*=D\ C^{18}$

$K=2z-1+3y=2(1)-1+3(8)=25$
Um elemento esquelético rodeado por 8 outros.

$K=9(3.5)+8(-1)+3(0.5)=25$

$VE=18n-2K=18(9)-2(25)=112$

$K=2n+7$

$S=4n-14$

$VE=14n-14=14(9)-14=112$

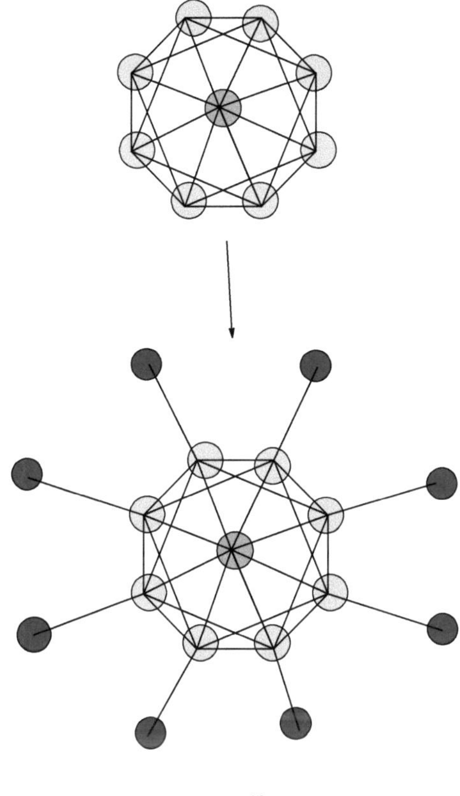

D C^{18}

Figura 6.

Forma isomérica proposta para o Au $L_{9\ 8}{}^{3+}$

K=2z-1+3y=2(1)-1+3(8) =25

O núcleo representa D^1 e as ligações à sua volta são representadas por C^8 cujas ligações são dadas por 3y=3(8) =24 como refletido na **Figura 6**. As ligações nucleares que resultam de D^1 são dadas por 2z-1=2(1)-1=1. O total de ligações do aglomerado será =1+24=25.

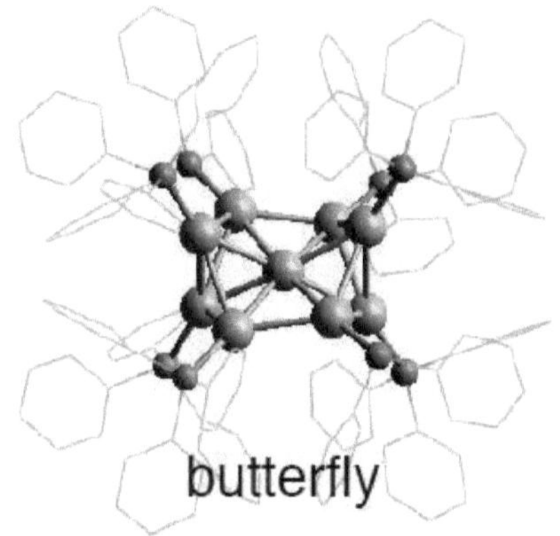

Forma isomérica observada do Au $L_{9\ 8}{}^{3+}$

Adaptado de Konishi

Figura 7.

R-11: F=Au $L_{9\ 8}{}^{1+}$

n=9

VF=114

$K^* = D\ C^{zy}$

z+y=n=9

2+2z=VF-12n=114-12(9) =6

2z=4

z=2

y=7

$K^* = D\ C^{27}$

$K^* = D\ C^{27}$

K=2z-1+3y=2(2)-1+3(7) =24
Dois elementos esqueléticos rodeados por 7 outros.

K=9(3.5) +8(-1) +1(0.5) =24

$VE=18n-2K=18(9)-2(24)=114$

$K=2n+6$

$S=4n-12$

$VE=14n-12=14(9)-12=114$

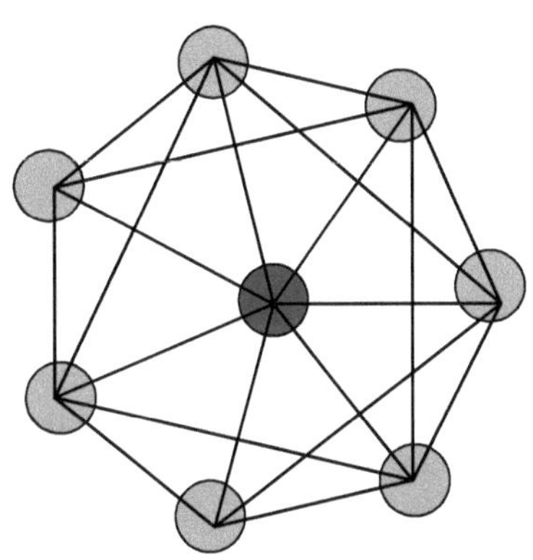

D C^{27}

Figura 8.

R-12: $F=Ru_6\ Pt_3\ (CO)\ H_{213}^{-1}$

$n=9$

$VF=124$

$K^*=D\ C^{zy}$

$z+y=n=9$

$2+2z=VF-12n=124-12(9)=16$

$2z=14$

$z=7$

$y=2$

K*=D C^{72}

K=2z-1+3y=2(7)-1+3(2) =19

K(n)=19(9)

K=n+t=9+10

VE=18n-2K=18(9)-2(19) =124

K=2n+1

S=4n-2

VE=14n-2=14(9)-2=124

R-13: F=Ir$_3$ Ni$_6$ (CO)$_{17}^{-3}$

n=9

VF=124

K*=D C^{zy}

z+y=n=9

2+2z=VF-12n=124-12(9) =16

2z=14

z=7

y=2

K*=D C^{72}

K=2z-1+3y=2(7)-1+3(2) =19

VE=18n-2K=18(9)-2(19) =124

K=2n+1

S=4n-2

VE=14n-2=14(9)-2=124

R-14: $F = Ru\,Pt_{3\,3}\,(CO)_{21}\,(IrCp^*)H_2$

$n=7$

$VF=112$

$K^*=D\,C^{zy}$

$z+y=n=7$

$2+2z=VF-12n=112-12(7)=28$

$2z=26$

$z=13$

$y=7-13=-6$

$K^*=D\,C^{13-6}$

$K=2z-1+3y=2(13)-1+3(-6)=7$

$K=7$

$K(n)=7(7)$

$VE=18n-2K=18(7)-2(7)=112$

$K=2n-7$

$S=4n+14$

$VE=14n+14=14(7)+14=112$

R-15: $F = Au\ L_{106}\ Cl_3^{+1}$

$n = 10$

$VF = 124$

$K^* = D\ C^{zy}$

$z + y = n = 10$

$2 + 2z = VF - 12n = 124 - 12(10) = 4$

$2z = 2$

$z = 1$

$y = n - z = 10 - 1 = 9$

$K^* = D\ C^{19}$

$K = 2z - 1 + 3y = 2(1) - 1 + 3(9) = 28$

$VE = 18n - 2K = 18(10) - 2(28) = 124$

$K = 2n + 8$

$S = 4n - 16$

$VE = 14n - 16 = 14(10) - 16 = 124$

R-16: $F=Au\ L\ X_{1173}$

$n=11$

$VF=138$

$K^*=D\ C^{zy}$

$z+y=n=11$

$2+2z=VF-12n=138-12(11)=6$

$2z=4$

$z=2$

$y=n-z=11-2=9$

$K^*=D\ C^{29}$

$K=2z-1+3y=2(2)-1+3(9)=30$

$VE=18n-2K=18(11)-2(30)=138$

$K=2n+8$

$S=4n-16$

$VE=14n-16=14(11)-16=138$

R-17: $F=Rh_{11}(CO)_{23}^{3-}$

n=11

VF=148

$K^*=D\ C^{zy}$

z+y=n=11

2+2z=VF-12n=148-12(11) =16

2z=14

z=7

y=4

$K^*=D\ C^{74}$

K=2z-1+3y=2(7)-1+3(4) =25

K=11(4.5) +23(-1) +3(-0.5) =25

$K^*=D\ C^{zy}$

z+y=n=11

 2+2z=VF-12n=148-12(11) =16

2z=14

z=7

y=n-z=11-7=4

$K^*=D\ C^{74}$

K=2z-1+3y=2(7)-1+3(4) =25

VE=18n-2K=18(11)-2(25) =148

K=2n+3

S=4n-6

VE=14n-6=14(11)-6=148

R-18: $F = Ru_{10}(C_2)(CO)_{24}{}^{2-}$

$n=10$

$VF=138$

$K^* = D\ C^{zy}$

$z+y=n=10$

$2+2z=VF-12n=138-12(10)=18$

$2z=16$

$z=8$

$y=2$

$K^* = D\ C^{82}$

$K=2z-1+3y=2(8)-1+3(2)=21$

$K(n)=21(10)\ K=n+t=10+11$

$VE=18n-2K=18(10)-2(21)=138$

$K=2n+1$

$S=4n-2$

$VE=14n-2=14(10)-2=138$

R-19: $F=Rh_{10}\ (CO)_{21}^{2-}$

$n=10$

$VF=134$

$K^*=D\ C^{zy}$

$z+y=n=10$

$2+2z=VF-12n=134-12(10)=14$

$2z=12$

$z=6$

$y=4$

$K^*=D\ C^{64}$

$K=2z-1+3y=2(6)-1+3(4)=23$

$K(n)=23(10)$

$K=n+t=10+13$

$VE=18n-2K=18(10)-2(23)=134$

$K=2n+3$

$S=4n-6$

$VE=14n-6=14(10)-6=134$

R-20: $F = Os_{10}(C)(CO)_{24}^{2-}$

$n = 10$

$VF = 134$

$K^* = D\ C^{zy}$

$z + y = n = 10$

$2 + 2z = VF - 12n = 134 - 12(10) = 14$

$2z = 12$

$z = 6$

$y = 4$

$K^* = D\ C^{64}$

$K = 2z - 1 + 3y = 2(6) - 1 + 3(4) = 23$

$K(n) = 23(10)$

$K = n + t = 10 + 13$

$VE = 18n - 2K = 18(10) - 2(23) = 134$

$K = 2n + 3$

$S = 4n - 6$

$VE = 14n - 6 = 14(10) - 6 = 134$

R-21: $F=Rh_{11}\ (CO)_{23}^{3-}$

$n=11$

$VF=148$

$K^*=D\ C^{zy}$

$z+y=n=11$

$2+2z=VF-12n=148-12(11)=16$

$2z=14$

$z=7$

$y=4$

$K^*=D\ C^{74}$

$K=2z-1+3y=2(7)-1+3(4)=25$

$K(n)=25(11)$

$K=n+t=11+14$

$VE=18n-2K=18(11)-2(25)=148$

$K=2n+3$

$S=4n-6$

$VE=14n-6=14(11)-6=148$

R-22: $F = Au\ L\ X_{11\ 73}$

$n = 11$

$VF = 138$

$K^* = D\ C^{zy}$

$z + y = n = 11$

$2 + 2z = VF - 12n = 138 - 12(11) = 6$

$2z = 4$

$z = 2$

$y = 9$

$K^* = D\ C^{29}$

$K = 2z - 1 + 3y = 2(2) - 1 + 3(9) = 30$

$VE = 18n - 2K = 18(11) - 2(30) = 138$

$K = 2n + 8$

$S = 4n - 16$

$VE = 14n - 16 = 14(11) - 16 = 138$

R-23: $F = Au\,L_{11\,12}{}^{3+}$

$n = 11$

$VF = 142$

$K^* = D\,C^{zy}$

$z + y = n = 11$

$2 + 2z = VF - 12n = 142 - 12(11) = 10$

$2z = 8$

$z = 4$

$y = 7$

$K^* = D\,C^{47}$

$K = 2z - 1 + 3y = 2(4) - 1 + 3(7) = 28$

$VE = 18n - 2K = 18(11) - 2(28) = 142$

$K = 2n + 6$

$S = 4n - 12$

$VE = 14n - 16 = 14(11) - 12 = 142$

R-24: $F = Au_8\ Ag\ L_{3\,7}^{3+}$

$n = 11$

$VF = 132$

$K^* = D\ C^{zy}$

$z + y = n = 11$

$2 + 2z = VF - 12n = 132 - 12(11) = 0$

$2z = -2$

$z = -1$

$K^* = D\ C^{-112}$

$K = 2z - 1 + 3y = 2(-1) - 1 + 3(12) = 33$

$VE = 18n - 2K = 18(11) - 2(33) = 132$

$K = 2n + 11$

$S = 4n - 22$

$VE = 14n - 16 = 14(11) - 22 = 132$

R-25: $F = HPd\ Au\ L_{10\ 8}\ Cl_2^{1+}$

$n=11$

$VF=138$

$K^*=D\ C^{zy}$

$z+y=n=11$

$2+2z=VF-12n=138-12(11)=6$

$2z=4$

$z=2$

$y=9$

$K^*=D\ C^{29}$

$K=2z-1+3y=2(2)-1+3(9)=30$

$VE=18n-2K=18(11)-2(30)=138$

$K=2n+8$

$S=4n-16$

$VE=14n-16=14(11)-16=138$

R-26: $F = IrAu\ L_{12\ 10}\ Cl_2{}^{1+}$

$n = 13$

$VF = 162$

$K^* = D\ C^{zy}$

$z + y = n = 13$

$2 + 2z = VF - 12n = 162 - 12(13) = 6$

$2z = 4$

$z = 2$

$y = 11$

$K^* = D\ C^{211}$

$K = 2z - 1 + 3y = 2(2) - 1 + 3(11) = 36$

$VE = 18n - 2K = 18(13) - 2(36) = 162$

$K = 2n + 10$

$S = 4n - 20$

$VE = 14n - 16 = 14(13) - 20 = 162$

R-27: $F = Au\ L_{11\ 10}{}^{3+}$

$n = 11$

$VF = 138$

$K^* = D\ C^{zy}$

$z + y = n = 11$

$2 + 2z = VF - 12n = 138 - 12(11) = 6$

$2z = 4$

$z = 2$

$y = 9$

$K^* = D\ C^{29}$

$K = 2z - 1 + 3y = 2(2) - 1 + 3(9) = 30$

$VE = 18n - 2K = 18(11) - 2(30) = 138$

$K = 2n + 8$

$S = 4n - 16$

$VE = 14n - 16 = 14(11) - 16 = 138$

R-28: $F = Au\ L_{11\,8}\ Cl_2{}^{1+}$

n=11

VF=138

$K^* = D\ C^{zy}$

z+y=n=11

2+2z=VF-12n=138-12(11) =6

2z=4

z=2

y=9

$K^* = D\ C^{29}$

K=2z-1+3y=2(2)-1+3(9) =30

VE=18n-2K=18(11)-2(30) =138

K=2n+8

S=4n-16

VE=14n-16=14(11)-16=138

R-29: $F=Al_{13}{}^{-1}$

$n=13$

$VF=40$

$K^*=D\ C^{zy}$

$z+y=n=13$

$2+2z=VF-2n=40-2(13)=14$

$2z=12$

$z=6$

$y=7$

$K^*=D\ C^{67}$

$K=2z-1+3y=2(6)-1+3(7)=32$

$K(n)=32(13)$

$K=n+t=13+19$

$VE=8n-2K=8(13)-2(32)=40$

$K=2n+6$

$S=4n-12$

$VE=4n-12=4(13)-12=40$

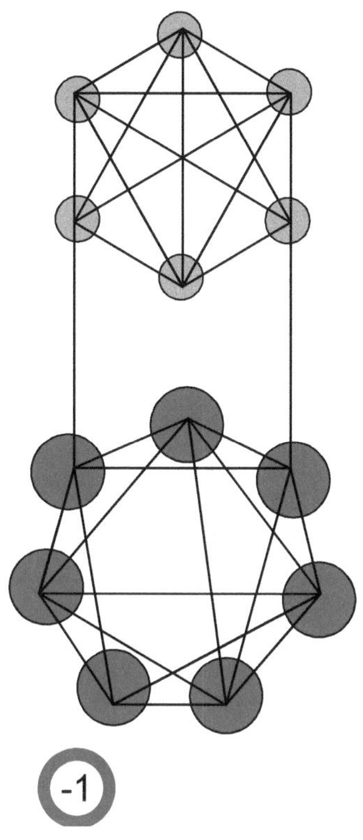

$K^* = D\ C^{67}$

AI: k=2,5, V=2k=5

Figura 9.

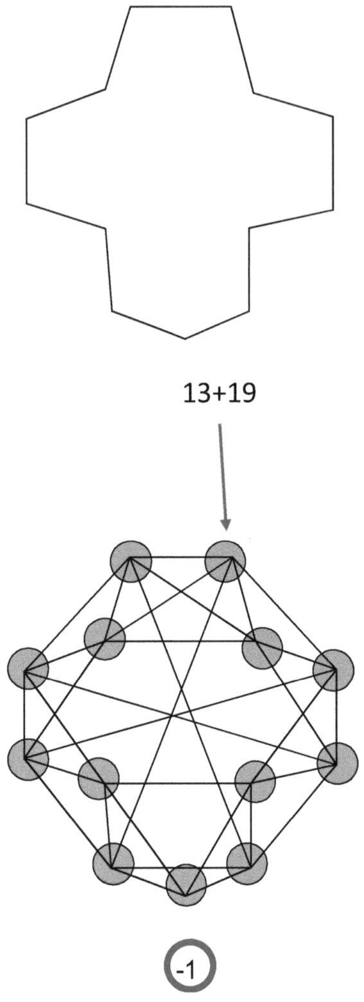

13+19

-1

Figura 10.

$VE=8n-2K=8(13)-2(32)=40$

$K=2n+6$

$S=4n-12$

$VE=4n-12=4(13)-12=40$

R-30: $F=Au\,L_{13\,10}\,Cl_2^{3+}$

$n=13$

$VF=162$

$K^*=D\,C^{zy}$

$z+y=n=13$

$2+2z=VF-12n=162-12(13)=6$

$2z=4$

$z=2$

$y=11$

$K^*=D\,C^{211}$

$K=2z-1+3y=2(2)-1+3(11)=36$

$VE=18n-2K=18(13)-2(36)=162$

$K=2n+10$

$S=4n-20$

$VE=14n-16=14(13)-20=162$

R-31: $F = IrAu\ L_{12\ 10}\ Cl_2^{1+}$

$n = 13$

$VF = 162$

$K^* = D\ C^{zy}$

$z + y = n = 13$

$2 + 2z = VF - 12n = 162 - 12(13) = 6$

$2z = 4$

$z = 2$

$y = 11$

$K^* = D\ C^{211}$

$K = 2z - 1 + 3y = 2(2) - 1 + 3(11) = 36$

$VE = 18n - 2K = 18(13) - 2(36) = 162$

$K = 2n + 10$

$S = 4n - 20$

$VE = 14n - 16 = 14(13) - 20 = 162$

R-32: $F = PtAg\ L_{12\ 10}\ Cl_7^{1+}$

n=13

VF=168

$K^* = D\ C^{zy}$

z+y=n=13

2+2z=VF-12n=168-12(13) =12

2z=10

z=5

y=8

$K^* = D\ C^{58}$

K=2z-1+3y=2(2)-1+3(11) =36

VE=18n-2K=18(13)-2(36) =162

K=2n+10

S=4n-20

VE=14n-16=14(13)-20=162

R-33: $F = Au\ L_{14}\ 8^{4+}$

$n = 14$

$VF = 166$

$K^* = D\ C^{zy}$

$z + y = n = 14$

$2 + 2z = VF - 12n = 166 - 12(14) = -2$

$2z = -4$

$z = -2$

$y = 16$

$\mathbf{K^* = D\ C^{-216}}$

$K = 2z - 1 + 3y = 2(-2) - 1 + 3(16) = 43$

$VE = 18n - 2K = 18(14) - 2(43) = 166$

$K = 2n + 15$

$S = 4n - 30$

$VE = 14n - 30 = 14(14) - 30 = 166$

R-34: $F = Ru\ H_{82}\ Cu_7\ Cl_3\ (CO)_{24}{}^{2-}$

n=15

VF=196

$K^* = D\ C^{zy}$

z+y=n=15

2+2z=VF-12n=196-12(15) =16

2z=14

z=7

y=8

$\mathbf{K^* = D\ C^{78}}$

K=2z-1+3y=2(7)-1+3(8) =37

K=8(5)-1+7(3.5)-1.5-24-1=37

n=15

VF=196

$K^* = D\ C^{zy}$

z+y=n=15

2+2z=VF-12n=196-12(15) =16

2z=14

z=7

y=8

$\mathbf{K^* = D\ C^{78}}$

K=2z-1+3y=2(7)-1+3(8) =37

VE=18n-2K=18(15)-2(37) =196

K=2n+7

S=4n-14

VE=14n-14=14(15)-14=196

R-35: $F = Ru\ H_{122}\ Cu_6\ Cl_2\ (CO)_{34}{}^{2-}$

$n=18$

$VF=236$

$K^*=D\ C^{zy}$

$z+y=n=18$

$2+2z=VF-12n=236-12(18)=20$

$2z=18$

$z=9$

$y=9$

$K^*=D\ C^{99}$

$K=2z-1+3y=2(9)-1+3(9)=44$

$K(n)=44(18)$

$K=n+t=18+26$

$K=2z-1+3y=2(9)-1+3(9)=44$

$VE=18n-2K=18(18)-2(44)=236$

$K=2n+8$

$S=4n-16$

$VE=14n-16=14(18)-16=236$

R-36: $F = Au\, L_{18\ 12}\, Cl_4^{4+}$

$n = 18$

$VF = 222$

$K^* = D\, C^{zy}$

$z + y = n = 18$

$2 + 2z = VF - 12n = 222 - 12(18) = 6$

$2z = 4$

$z = 2$

$y = 16$

$K^* = D\, C^{216}$

$K = 2z - 1 + 3y = 2(2) - 1 + 3(16) = 51$

$K(n) = 51(18)$

$K = n + t = 18 + 33$

$VE = 18n - 2K = 18(18) - 2(51) = 222$

$K = 2n + 15$

$S = 4n - 30$

$VE = 14n - 30 = 14(18) - 30 = 222$

R-37: $F = Au\ L_{20}\ 8^{2+}$

$n = 20$

$VF = 234$

$K^* = D\ C^{zy}$

$z + y = n = 20$

$2 + 2z = VF - 12n = 234 - 12(20) = -6$

$2z = -8$

$z = -4$

$y = 24$

$\mathbf{K^* = D\ C^{-424}}$

$K = 2z - 1 + 3y = 2(-4) - 1 + 3(24) = 63$

$K(n) = 63(20)$

$K = n + t = 20 + 33$

$VE = 18n - 2K = 18(18) - 2(51) = 222$

$K = 2n + 15$

$S = 4n - 30$

$VE = 14n - 30 = 14(18) - 30 = 222$

R-38: $F = Au\ L_{20\ 10}\ Cl_4^{2+}$

$n = 20$

$VF = 242$

$K^* = D\ C^{zy}$

$z + y = n = 20$

$2 + 2z = VF - 12n = 242 - 12(20) = 2$

$2z = 0$

$z = 0$

$y = 20$

$K^* = D\ C^{020}$

$K = 2z - 1 + 3y = 2(0) - 1 + 3(20) = 59$

$K = 59$

R-39: $F = Au\ L\ H_{20\ 12\ 3}{}^{3+}$

$n = 20$

$VF = 244$

$K^* = D\ C^{zy}$

$z + y = n = 20$

$2 + 2z = VF - 12n = 244 - 12(20) = 4$

$2z = 2$

$z = 1$

$y = 19$

$K^* = D\ C^{119}$

$K = 2z - 1 + 3y = 2(1) - 1 + 3(19) = 58$

$K(n) = 58(20)$

$K = n + t = 20 + 38$

$VE = 18n - 2K = 18(20) - 2(58) = 244$

$K = 2n + 18$

$S = 4n - 36$

$VE = 14n - 36 = 14(20) - 36 = 244$

R-40: $F = Au\ L_{22\ 12}$

$n = 22$

$VF = 266$

$K^* = D\ C^{zy}$

$z + y = n = 22$

$2 + 2z = VF - 12n = 266 - 12(22) = 2$

$2z = 0$

$z = 0$

$y = 22$

$K^* = D\ C^{022}$

$K = 2z - 1 + 3y = 2(0) - 1 + 3(22) = 65$

$K = 65$

$K(n) = 65(22)$

$K = n + t = 22 + 43$

$VE = 18n - 2K = 18(22) - 2(65) = 266$

$K = 2n + 21$

$S = 4n - 42$

$VE = 14n - 42 = 14(22) - 42 = 266$

R-41: $F = Ni\ Sb_{517}{}^{5-}$

$n=22,\ m=5$

$K=5(4)+17(1.5)+5(-0.5)=43$

$K(n)=43(22)$

$K=n+t=22+21=5+8+9+(21)$

$VE=8n-2K+10m=8(22)-2(43)+10(5)=140$

$VF=50+90=140$

$K=2n-1$

$S=4n+2$

$VE=4n+2+10m=4(22)+2+10(5)=140$

$K=n+t=22+21$

$y=1+t-n=1+21-22=0$

$z=n-y=22-0=22$

$K^*=D\ C\ =D\ C^{zy220}$

$VE=4z+2+2y+10m=4(22)+2+2(0)+10(5)=140$

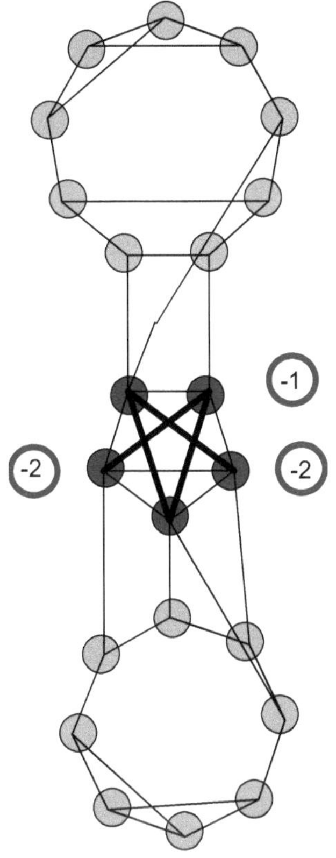

Figura 11.

UTILIZAÇÃO DE ÍNDICES DE NIVELAMENTO

R-42: $F = Ni\ Sb_{517}{}^{5-}$

$n=22,\ m=5$

$VF=140$

$VE^*=VF-10m=140-10(5)=90$

$VE^*-12n=2z+2$

$90-2(22)=2z+2$

$46=2z+2$

$2z=44$

$z=22$

$y=n-z=22-22=0$

$K^*=D\ C\ =D\ C^{zy220}$

$K=2z-1+3y=2(22)-1+3(0)=43$

$K=n+t=22+21=5+8+9+(21)$

$VE=8n-2K+10m=8(22)-2(43)+10(5)=140$

$VF=50+90=140$

$K=2n-1$

$S=4n+2$

$VE=4n+2+10m=4(22)+2+10(5)=140$

$VE=4z+2+2y+10m=4(22)+2+2(0)+10(5)=140$

R-43: $F = Pt_{24}$ $(CO_{30}{}^{2-}$

$n = 24$

$VF = 302$

$K^* = D\ C^{zy}$

$z + y = n = 24$

$2 + 2z = VF - 12n = 302 - 12(24) = 14$

$2z = 12$

$z = 6$

$y = 18$

K* = D C^{618}

$K = 2z - 1 + 3y = 2(6) - 1 + 3(18) = 65$

$K = 65$

$K(n) = 65(22)$

$K = n + t = 22 + 43$

$VE = 18n - 2K = 18(22) - 2(65) = 266$

$K = 2n + 21$

$S = 4n - 42$

$VE = 14n - 42 = 14(22) - 42 = 266$

R-44: F=Au L $R_{25\ 105}^{2+}$

n=25

VF=298

K^*=D C^{zy}

z+y=n=25

2+2z=VF-12n=298-12(25) =-2

2z=-4

z=-2

y=27

K^*=D C^{zy}

K^*=D C^{-227}

K=2z-1+3y=2(-2)-1+3(27) =76

K=25(3.5) +10(-1) +5(-0.5) +2(0.5) =76

K(n)=76(25)

K=n+t=25+51

VE=18n-2K=18(25)-2(76) =290

K=2n+21

S=4n-42

VE=14n-42=14(22)-42=266

R-45: $F=Pd_2\ Au\ L_{23\ 10}^{7+}$

n=25

VF=286

$K^*=D\ C^{zy}$

z+y=n=25

2+2z=VF-12n=286-12(25) =-14

2z=-16

z=-8

y=33

$K^*=D\ C^{-833}$

K=2z-1+3y=2(-8)-1+3(33) =82

K=2(4) +23(3.5) +10(-1) +7(0.5) =82

R-46: $F = Pd_{28} \, Au \, L_{2 \, 10}$

$n=30$

$VF=322$

$K^*=D \, C^{zy}$

$z+y=n=30$

$2+2z=VF-12n=322-12(30)=-38$

$2z=-40$

$z=-20$

$y=50$

$K^*=D \, C^{-2050}$

$K=2z-1+3y=2(-20)-1+3(50)=109$

$K=28(4)+2(3.5)+10(-1)=109$

$VE=18n-2K=18(30)-2(109)=322$

$K=2n+49$

$S=4n-98$

$VE=14n-98=14(30)-98=322$

R-47: $F = Au\ L_{54\ 18}^{12+}$

$n = 54$

$VF = 618$

$K^* = D\ C^{zy}$

$z + y = n = 54$

$2 + 2z = VF - 12n = 618 - 12(54) = -30$

$2z = -32$

$z = -16$

$y = 70$

$\mathbf{K^* = D\ C^{-1670}}$

$K = 2z - 1 + 3y = 2(-16) - 1 + 3(70) = 177$

$K = 54(3.5) + 18(-1) + 12(0.5) = 177$

$VE = 18n - 2K = 18(54) - 2(177) = 618$

$K = 2n + 69$

$S = 4n - 138$

$VE = 14n - 138 = 14(54) - 138 = 618$

R-48: $F = Au\ L_{10121}{}^{5+}$

$n=101$

$VF=1148$

$K^* = D\ C^{zy}$

$z+y=n=101$

$2+2z=VF-12n=1148-12(101)=-64$

$2z=-66$

$z=-33$

$y=134$

$K^* = D\ C^{-33134}$

$K=2z-1+3y=2(-33)-1+3(134)=335$

$K=101(3.5)+21(-1)+5(0.5)=335$

$VE=18n-2K=18(101)-2(335)=1148$

$K=2n+133$

$S=4n-266$

$VE=14n-266=14(101)-266=1148$

BORANAS

B-1: $F = B\,H_{26}$

n=2

VF=12

$K^* = D\,C^{zy}$

z+y=n=2

2+2z=VF-2n=12-2(2) =8

2z=6

z=3

y=-1

$K^* = D\,C^{3-1}$

K=2z-1+3Y=2(3)-1+3(-1) =2

K=2(2.5) +6(-0.5) =2

VE=8n-2K=8(2)-2(2)=12

K=2n-2

S=4n+4

VE=4n+4=4(2)+4=12

B: k=2,5, V=5

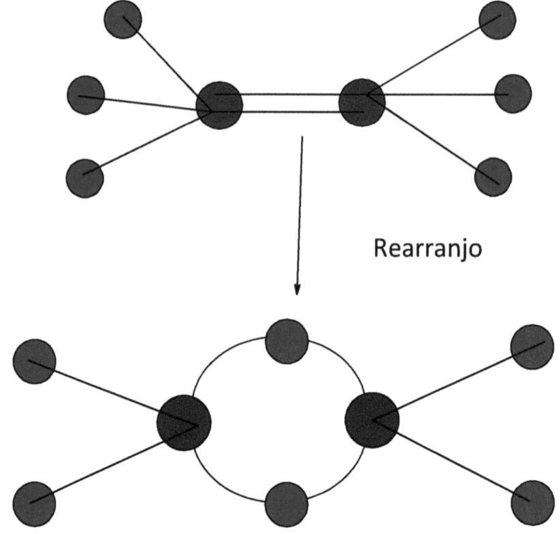

Figura 12.

B-2: $F = B\ H_{410}$

$n = 4$

$VF = 22$

$K^* = D\ C^{zy}$

$z + y = n = 4$

$2 + 2z = VF - 2n = 22 - 2(4) = 14$

$2z = 12$

$z = 6$

$y = -2$

$K^* = D\ C^{6\text{-}2}$

$K = 2z - 1 + 3y = 2(6) - 1 + 3(-2) = 5$

$K(n) = 5(4)$

$K = 2z - 1 + 3y = 2(6) - 1 + 3(-2) = 5$

$K = 2(2.5) + 6(-0.5) = 2$

$VE = 8n - 2K = 8(2) - 2(2) = 12$

$K = 2n - 2$

$S = 4n + 4$

$VE = 4n + 4 = 4(2) + 4 = 12$

$K = n + t = 4 + 1$

B: $k = 2,5,\ V = 2k = 5$

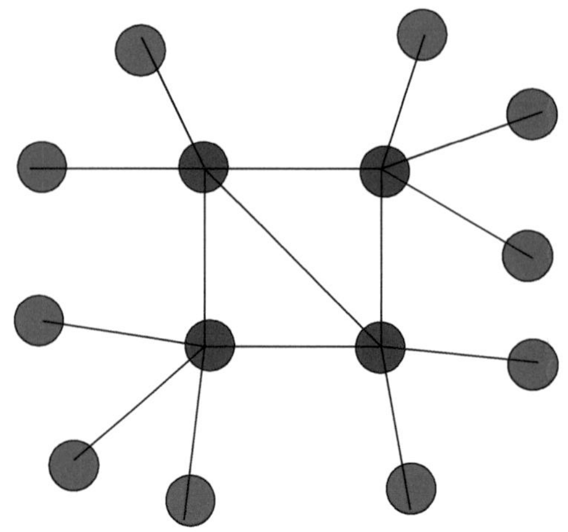

Figura 13.

B-3: F=B H_{59}

n=5

VF=24

K*=D C^{zy}

z+y=n=5

2+2z=VF-2n=24-2(5) =14

2z=12

z=6

y=-1

K*=D C^{6-1}

K=2z-1+3y=2(6)-1+3(-1) =8

K=5(2.5) +9(-0.5) =8

K(n)=8(5)

VE=8n-2K=8(5)-2(8) =24

K=2n-2

S=4n+4

VE=4n+4=4(5) +4=24

K=n+t=5+3

B: k=2,5, V=2k=5

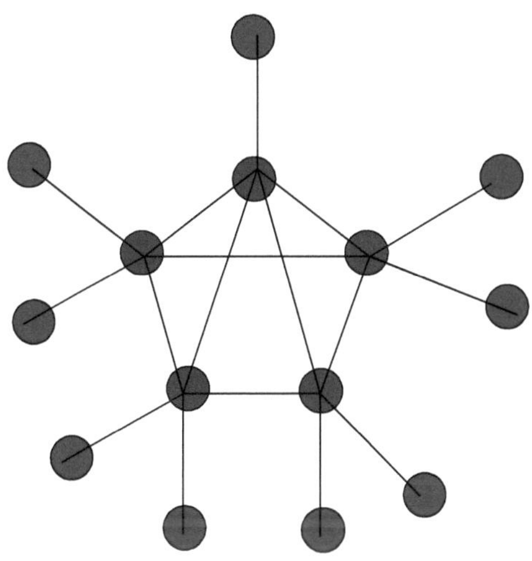

Figura 14.

B-4: F=B H$_{511}$

n=5

VF=26

K*=D C^{zy}

z+y=n=5

2+2z=VF-2n=26-2(5) =16

2z=14

z=7

y=-2

K*=D C$^{7-2}$

K=2z-1+3y=2(7)-1+3(-2) =7

K=5(2.5) +11(-0.5) =7

K(n)=7(5)

VE=8n-2K=8(5)-2(7) =26

K=2n-3

S=4n+6

VE=4n+6=4(5) +6=26

K=n+t=5+2

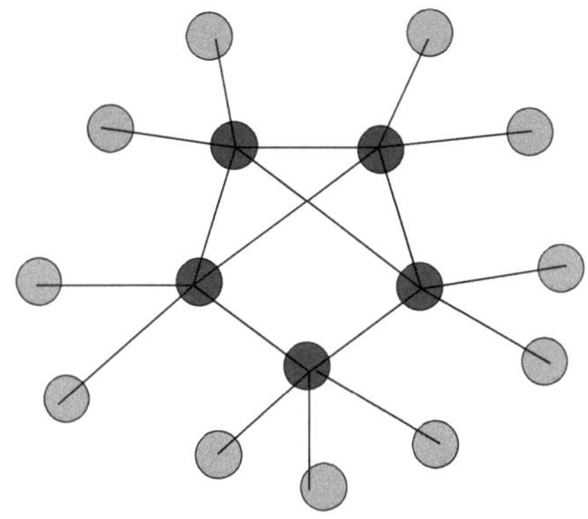

Figura 15.

B-5: $F = B\ H_{610}$

$n=6$

$VF=28$

$K^*=D\ C^{zy}$

$z+y=n=6$

$2+2z=VF-2n=28-2(6)=16$

$2z=14$

$z=7$

$y=-1$

$K^*=D\ C^{7-1}$

$K=2z-1+3y=2(7)-1+3(-1)=10$

$K=6(2.5)+10(-0.5)=10$

$K(n)=10(6)$

$VE=8n-2K=8(6)-2(10)=28$

$K=2n-2$

$S=4n+4$

VE=4n+4=4(6) +4=28

K=n+t=6+4

B: k=2,5, V=2k=5

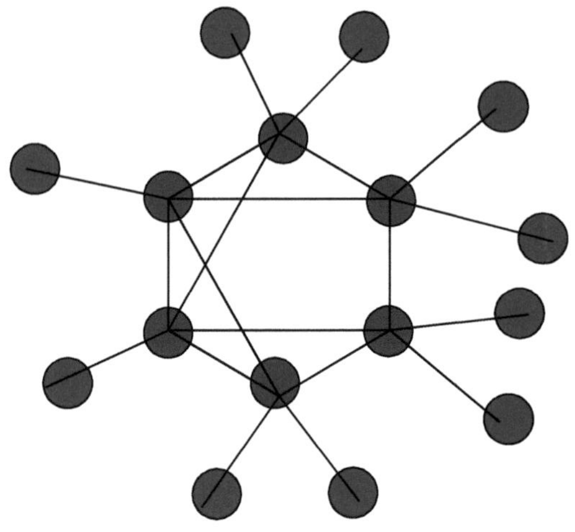

Figura 16.

B-6: F=B H_{812}

n=8

VF=36

K^*=D C^{zy}

z+y=n=8

2+2z=VF-2n=36-2(8) =20

2z=18

z=9

y=-1

K^*=D C^{9-1}

K=2z-1+3y=2(9)-1+3(-1) =14

K=8(2.5) +12(-0.5) =14

K(n)=14(8)

VE=8n-2K=8(8)-2(14) =36

K=2n-2

S=4n+4

VE=4n+4=4(8) +4=36

K=n+t=8+6

B: k=2,5, V=2k=5

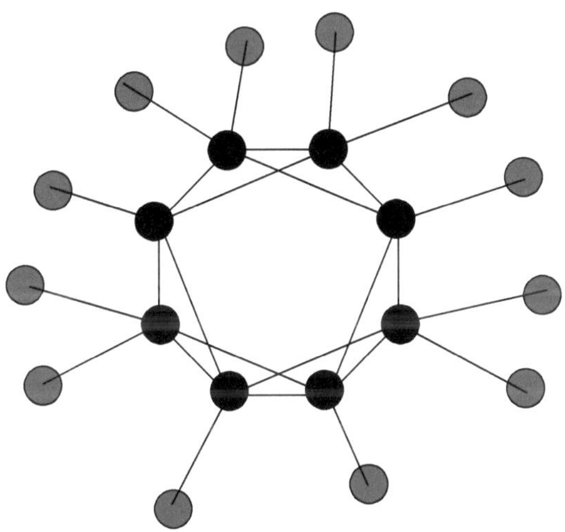

Figura 17.

B-7: $F=B\ H_{915}$

$n=9$

$VF=42$

$K^*=D\ C^{zy}$

$z+y=n=9$

$2+2z=VF-2n=42-2(9)=24$

$2z=22$

$z=11$

$y=-2$

$K^*=D\ C^{11-2}$

$K=2z-1+3y=2(11)-1+3(-2)=15$

$K=9(2.5)+15(-0.5)=15$

$K(n)=15(9)$

$VE=8n-2K=8(9)-2(15)=42$

$K=2n-3$

$S=4n+6$

$VE=4n+4=4(9)+6=42$

$K=n+t=9+6$

B: $k=2,5,\ V=2k=5$

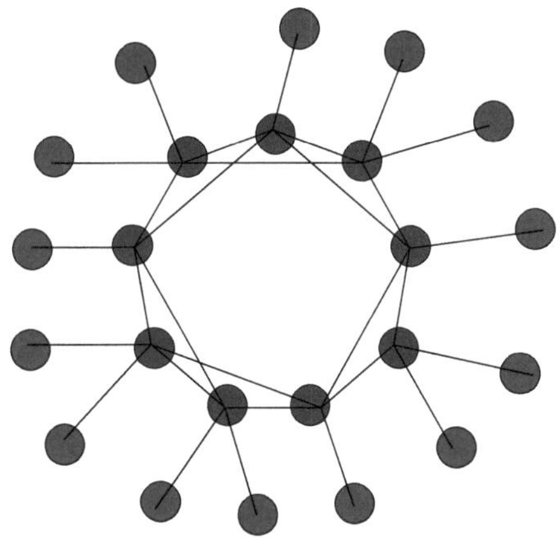

Figura 18.

B-8: $F = B\ H_{1016}$

$n = 10$

$VF = 46$

$K^* = D\ C^{zy}$

$z + y = n = 10$

$2 + 2z = VF - 2n = 46 - 2(10) = 26$

$2z = 24$

$z = 12$

$y = -2$

$K^* = D\ C^{12\text{-}2}$

$K = 2z - 1 + 3y = 2(12) - 1 + 3(-2) = 17$

$K = 10(2.5) + 16(-0.5) = 17$

$K(n) = 17(10)$

$VE = 8n - 2K = 8(10) - 2(17) = 46$

$K = 2n - 3$

$S=4n+6$

$VE=4n+4=4(10)+6=46$

$K=n+t=10+7$

$y=1+t-n=1+7-10=-2$

$z=n-y=10-(-2)=12$

$K^*=D\ C\ =D\ C^{zy12-2}$

$VE=4z+2+2y=4(12)+2+2(-2)=46$

B: k=2,5, V=2k=5

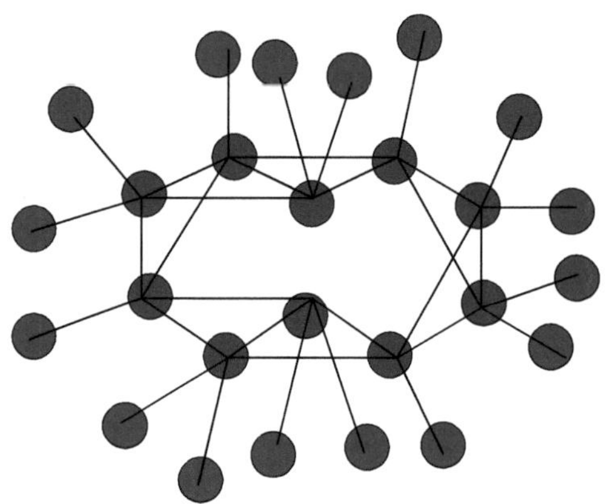

Figura 19.

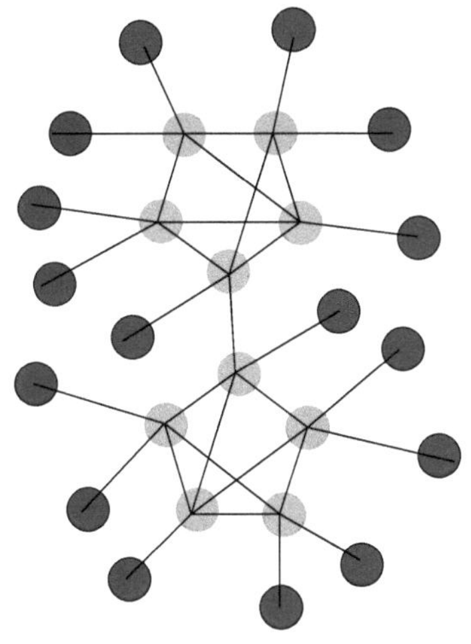

B: k=2,5, V=2k=5

Figura 20.

HIDROCARBONETOS

H-1: $F = C H_{1020}$

$n = 10$

$VF = 60$

$K^* = D C^{zy}$

$z + y = n = 10$

$2 + 2z = VF - 2n = 60 - 2(10) = 40$

$2z = 38$

$z = 19$

$y = -9$

$K^* = D C^{19-9}$

$K = 2z - 1 + 3y = 2(19) - 1 + 3(-9) = 10$

$K = 10(2) + 20(-0.5) = 10$

$K(n) = 10(10)$

$VE = 8n - 2K = 8(10) - 2(10) = 60$

$K = 2n - 10$

$S = 4n + 20$

$VE = 4n + 20 = 4(10) + 20 = 60$

$K = n + t = 10 + 0$

C: $k = 2$, $V = 2k = 4$

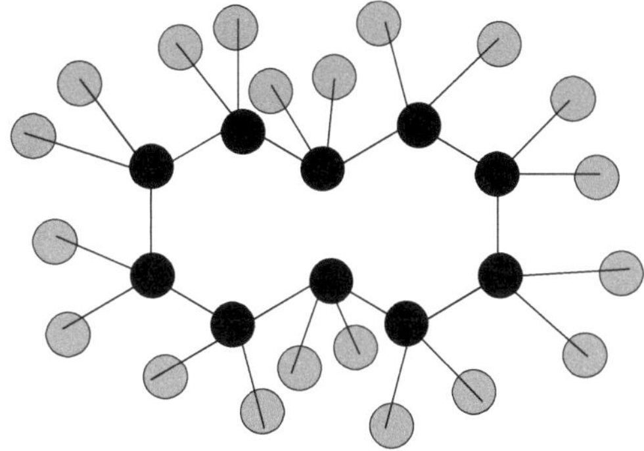

Figura 21.

H-2: $F = C\ H_{1018}$

$n = 10$

$VF = 58$

$K^* = D\ C^{zy}$

$z + y = n = 10$

$2 + 2z = VF - 2n = 58 - 2(10) = 38$

$2z = 36$

$z = 18$

$y = -8$

$K^* = D\ C^{18-8}$

$K = 2z - 1 + 3y = 2(18) - 1 + 3(-8) = 11$

$K = 10(2) + 18(-0.5) = 11$

$K(n) = 11(10)$

$K = n + t = 10 + 1$

$VE = 8n - 2K = 8(10) - 2(11) = 58$

$K = 2n - 9$

$S = 4n + 18$

$VE = 4n + 18 = 4(10) + 18 = 58$

$C: k = 2,\ V = 2k = 4$

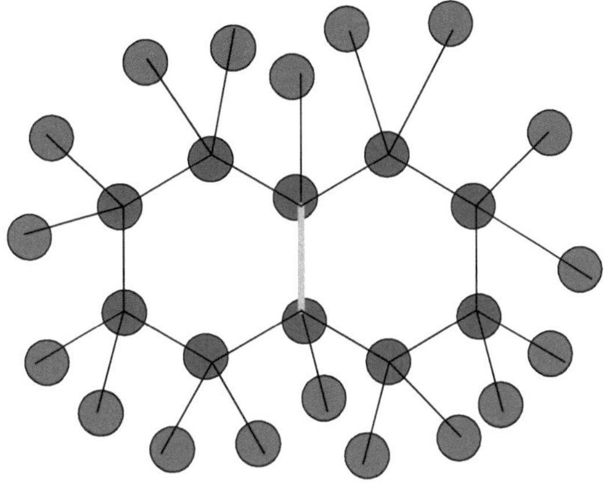

K=10+1=5+5+1

Figura 22.

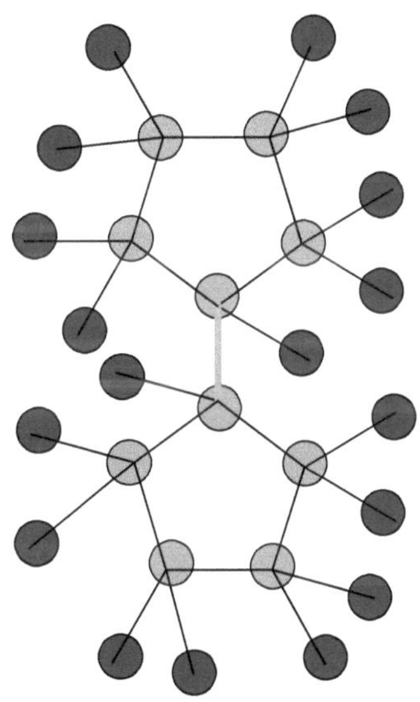

Figura 23.

H-3: F=C H_{1010}

n=10

VF=50

$K^*=D\ C^{zy}$

z+y=n=10

2+2z=VF-2n=50-2(10) =30

2z=28

z=14

y=-4

$K^*=D\ C^{14-4}$

K=2z-1+3y=2(14)-1+3(-4) =15

K=10(2) +10(-0.5) =15

K(n)=15(10)

K=n+t=10+5

VE=8n-2K=8(10)-2(15) =50

K=10+5=5+5+5(1,2,2)

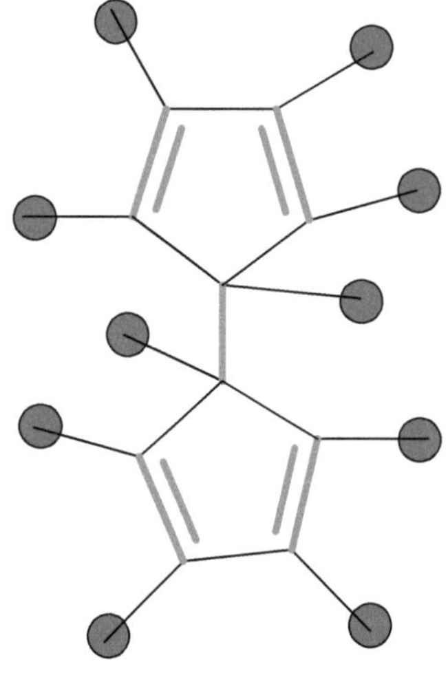

Figura 24.

ÍONS ZINTL

Z-1: $F = Bi_4^{2-}$

$n=4$

$VF=22$

$K^* = D\ C^{zy}$

$z+y=n=4$

$2+2z=VF-2n=22-2(4)=14$

$2z=12$

$z=6$

$y=-2$

$K^* = D\ C^{6-2}$

$K=2z-1+3y=2(6)-1+3(-2)=5$

$K=4(1.5)+2(-0.5)=5$

$K(n)=5(4)$

$VE=8n-2K=8(4)-2(5)=22$

$K=2n-3$

$S=4n+6$

$VE=4n+6=4(4)+6=22$

$K=n+t=4+1$

Bi: $k=1,5$, $V=2k=3$

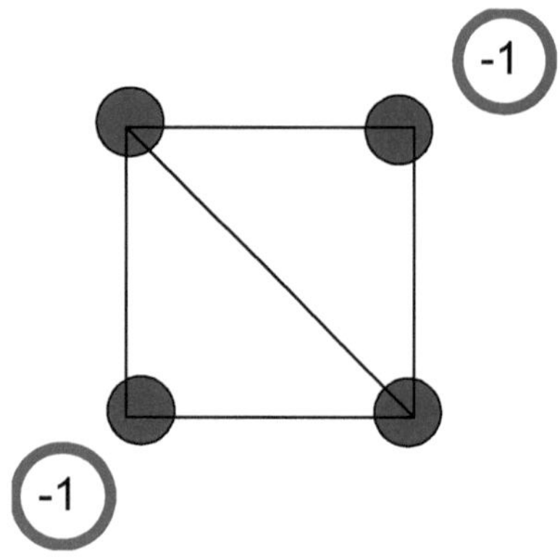

Figura 25.

VE=8n-2K=8(4)-2(5) =22

Z-2: $F=Tl_2\ Te_2^{2-}$

n=4

VF=20

$K^*=D\ C^{zy}$

z+y=n=4

2+2z=VF-2n=20-2(4) =12

2z=10

z=5

y=-1

$K^*=D\ C^{5-1}$

K=2z-1+3y=2(5)-1+3(-1) =6

K=2(2.5) +2(1) +2(-0.5) =6

K(n)=6(4)

VE=8n-2K=8(4)-2(6) =20

K=2n-2

S=4n+4

VE=4n+4=4(4)+4=20

K=n+t=4+2

TI: k=2,5, V=2k=5

Se: k=1, V=2k=2

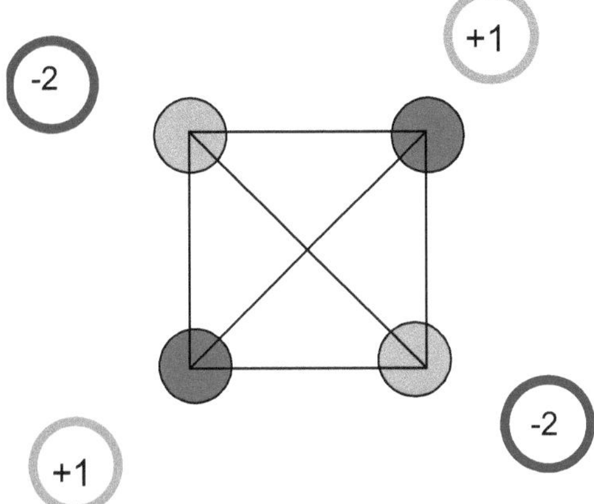

Figura 26.

VE=8n-2K=8(4)-2(6) =20

Z-3: $F=Pb_5^{2-}$

n=5

VF=22

$K^*=D\ C^{zy}$

z+y=n=5

2+2z=VF-2n=22-2(5) =12

2z=10

z=5

y=0

$K^*=D\ C^{50}$

K=2z-1+3y=2(5)-1+3(0) =9

K=5(2) +2(-0.5) =9

K(n)=9(5)

VE=8n-2K=8(5)-2(9) =22

K=2n-1

S=4n+2

VE=4n+2=4(5) +2 =22

K=n+t=5+4

Pb: k=2, V=2k=4

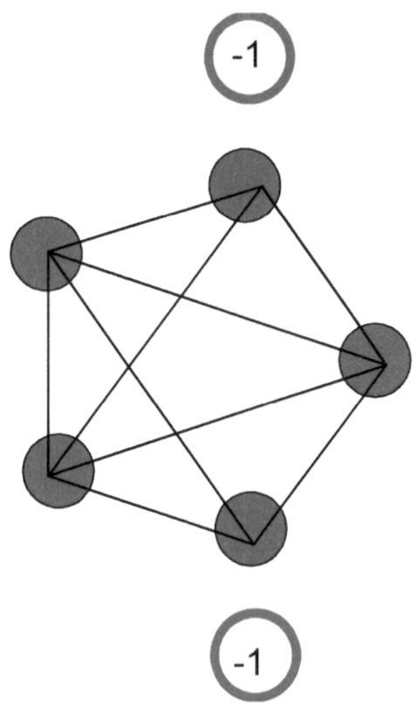

Figura 27.

Z-4: $F=Bi_5^{3+}$

$n=5$

$VF=22$

$K^*=D\ C^{zy}$

$z+y=n=5$

$2+2z=VF-2n=22-2(5)=12$

$2z=10$

$z=5$

$y=0$

$K^*=D\ C^{50}$

$K=2z-1+3y=2(5)-1+3(0)=9$

$K=5(2)+2(-0.5)=9$

$K(n)=9(5)$

$VE=8n-2K=8(5)-2(9)=22$

$K=2n-1$

$S=4n+2$

$VE=4n+2=4(5)+2=22$

$K=n+t=5+4$

Bi: $k=1,5$, $V=2k=3$

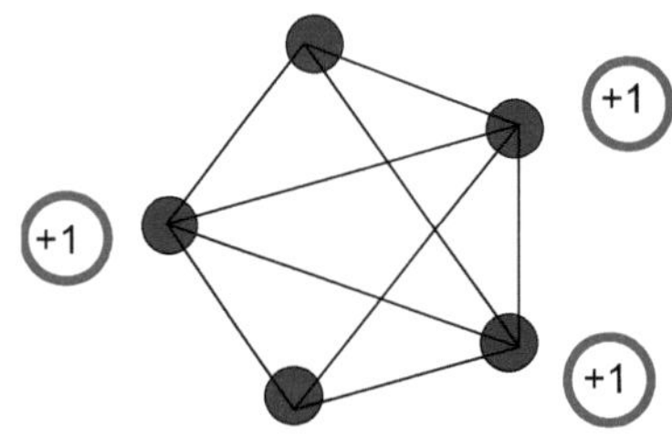

Figura 28.

Z-5: $F=Ge_9^{2-}$

n=9

VF=38

$K^*=D\ C^{zy}$

z+y=n=9

2+2z=VF-2n=38-2(9) =20

2z=18

z=9

y=0

$K^*=D\ C^{90}$

K=2z-1+3y=2(9)-1+3(0) =17

K=9(2) +2(-0.5) =17

K(n)=17(9)

VE=8n-2K=8(9)-2(17) =38

K=2n-1

S=4n+2

VE=4n+2=4(9)+2=38

K=n+t=9+8

Ge: k=2, V=2k=4

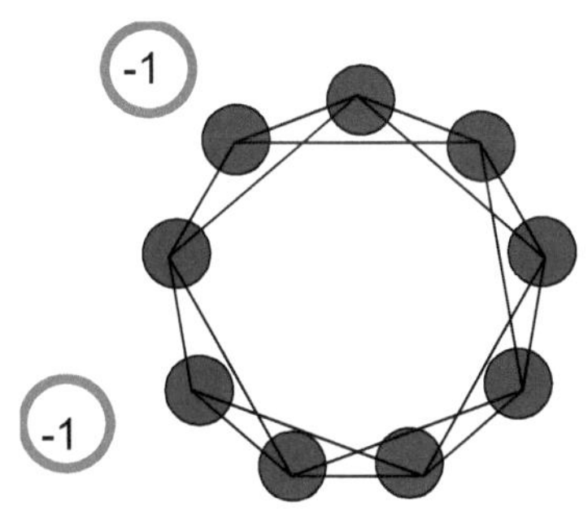

Figura 29.

Z-6: $F=In_4\ Bi_5^{3-}$

n=9

VF=40

$K^*=D\ C^{zy}$

z+y=n=9

2+2z=VF-2n=40-2(9) =22

2z=20

z=10

y=-1

$\mathbf{K^*=D\ C^{10\text{-}1}}$

K=2z-1+3y=2(10)-1+3(-1) =16

K=4(2.5) +5(1.5) +3(-0.5) =16

K(n)=16(9)

VE=8n-2K=8(9)-2(16) =40

K=2n-2

S=4n+4

VE=4n+4=4(9) +4=40

K=n+t=9+7=4+5+7

Em: k=2,5, V=2k=5

Bi: k=1,5, V=2k=3

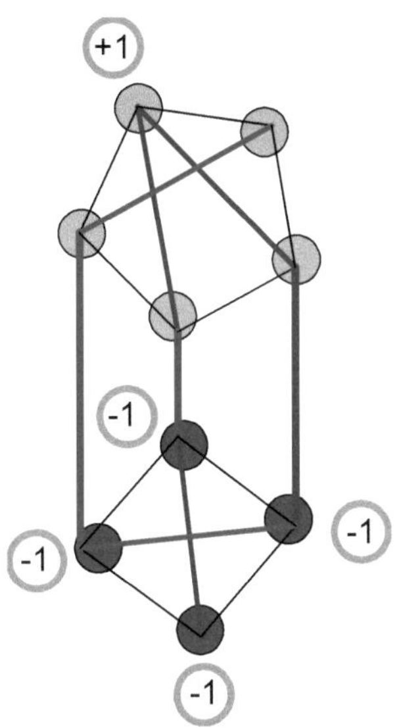

Figura 30.

Z-7: $F=Tl_{13}^{11-}$

n=13

VF=50

$K^*=D\ C^{zy}$

z+y=n=13

2+2z=VF-2n=50-2(13) =24

2z=22

z=11

y=2

$K^*=D\ C^{112}$

K=2z-1+3y=2(11)-1+3(2) =27

K=13(2.5) +11(-0.5) =27

VE=4z+2+2y=4(11)+2+2(2)=50

VE=8n-2K=8(13)-2(27)=50

K(n)=27(13)

VE=8n-2K=8(13)-2(27) =50

K=n+t=13+14

TI: k=2,5, V=2k=5

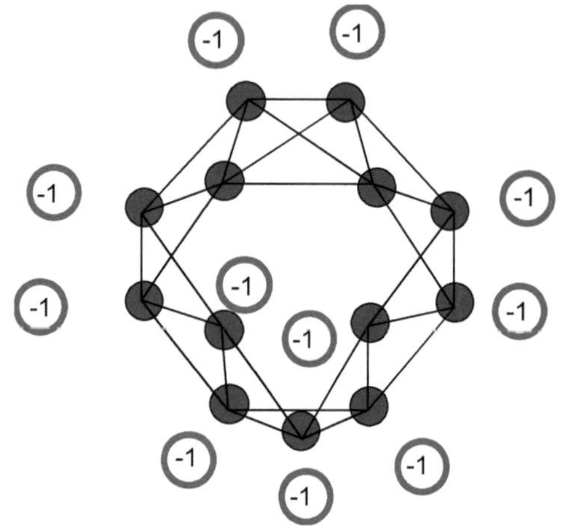

Figura 31.

K=13+14=6+7+(3,5,6)

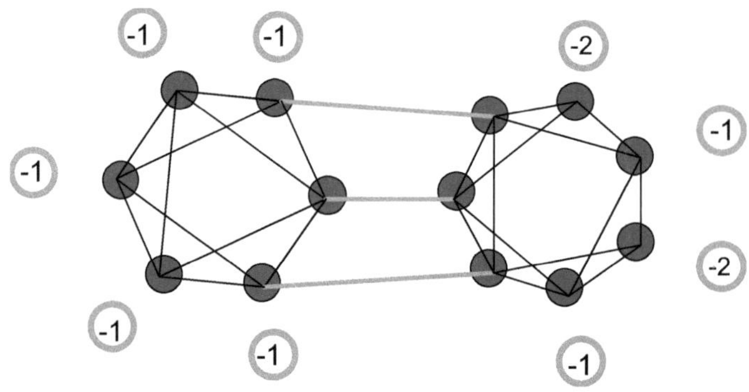

Figura 32.

Z-8: $F=TI_7^{7-}$

n=7

VF=28

$K^*=D\ C^{zy}$

z+y=n=7

2+2z=VF-2n=28-2(7) =14

2z=12

z=6

y=1

$K^*=D\ C^{61}$

K=2z-1+3y=2(6)-1+3(1) =14

K=7(2.5) +7(-0.5) =14

K(n)=14(7)

VE=8n-2K=8(7)-2(14) =28

VE=4z+2+2y=4(6)+2+2(1)=28

K=2n-0

S=4n+0

VE=4n+0=4(7)+0=28

K=n+t=7+7

TI: k=2,5, V=2k=5

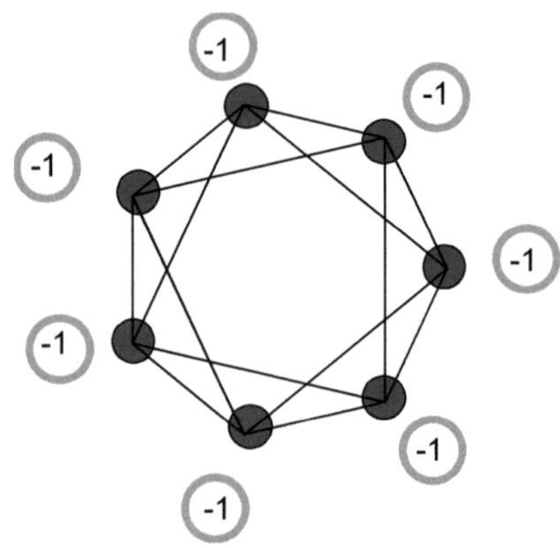

Figura 33.

Z-9: $F = Tl_7{}^{11-}$

$n=7$

$VF=32$

$K^* = D\ C^{zy}$

$z+y=n=7$

$2+2z=VF-2n=32-2(7)=18$

$2z=16$

$z=8$

$y=-1$

$K^* = D\ C^{8-1}$

$K=2z-1+3y=2(8)-1+3(-1)=12$

$K=7(2.5)+11(-0.5)=12$

$K(n)=12(7)$

$VE=8n-2K=8(7)-2(12)=32$

$K=2n-2$

$S=4n+4$

$VE=4n+4=4(7)+4=32$

K=n+t=7+5

Tl: k=2,5, V=2k=5

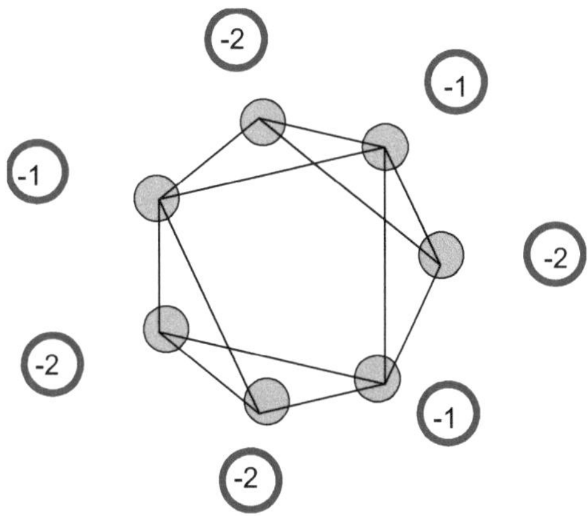

Figura 34.

Z-10: $F=NiPb_{10}^{2-}$

n=11, m=1

$K=1(4)+10(2)+2(-0.5)=23$

$K(n)=23(11)$

$K=n+t=11+12$

$y=1+t-n=1+12-11=2$

$z=n-y=11-2=9$

$K^*=D\ C\ =D\ C^{zy92}$

$VE=4z+2+2y+10m=4(9)\ +2+2(2)\ +10(1)\ =52$

$VE=8n-2K+10m=8(11)-2(23)\ +10(1)\ =52$

$VF=10+42=52$

$K=2n+1$

$S=4n-2$

VE=4n-2+10m=4(11)-2+10(1) =52

Ni: k=4, V=2k=8

Pb: k=2, V=2k=4

K=n+t=11+12=5+1+5+(12)

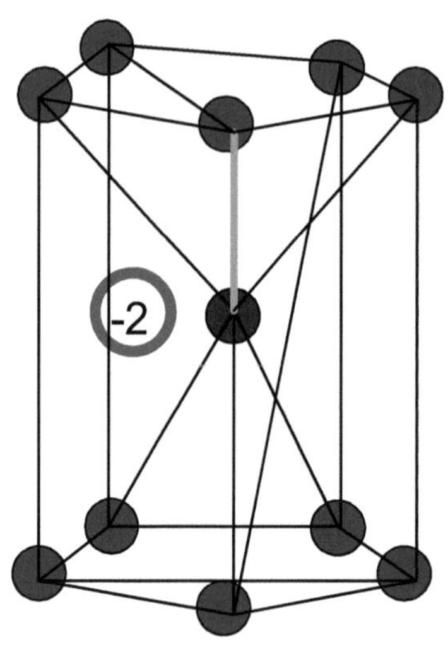

Figura 35.

Z-11: $F=AuPb_{12}{}^{3-}$

$n=13$

$K=1(3.5)+12(2)+3(-0.5)=26$

$K(n)=26(13)$

$K=n+t=13+13=6+1+6+(13)$

$y=1+t-n=1+13-13=1$

$z=n-y=13-1=12$

$K^*=D\ C\ =D\ C^{zy121}$

$K=2z-1+3y=2(12)-1+3(1)=26$

$VE=8n-2K+10m=8(13)-2(26)+10(1)=62$

$VF=11+51=62$

$K=2n-0$

$S=4n+0$

$VE=4n+0+10m=4(13)+0+10(1)=62$

$K=n+t=13+13=6+1+6+(13)$

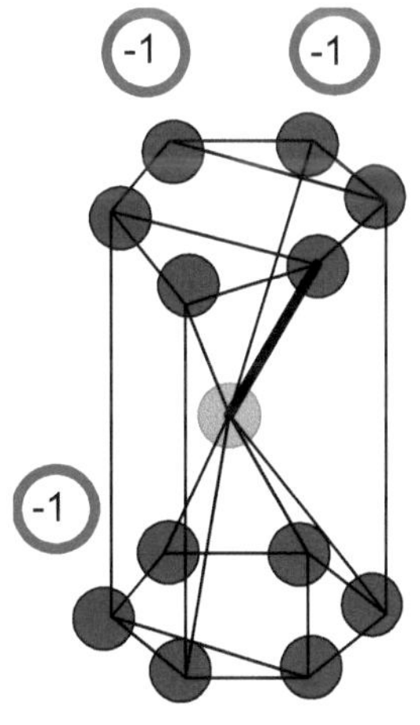

Figura 36.

Z-12: $F = AgPb_{11}^{3-}$

n=12, m=1

VF=58

$K^* = D\ C^{zy}$

z+y=n=12

$VE^* = VF - 10m = 58 - 10(1) = 48$

$2z + 2 = VE^* - 2n = 48 - 2(12) = 24$

2z=22

z=11

y=1

$K^* = D\ C^{111}$

$VE = 4z + 2 + 2y + 10m = 4(11) + 2 + 2(1) + 10(1) = 58$

$K = 2z - 1 + 3y = 2(11) - 1 + 3(1) = 24$

$K(n) = 24(12)$

$VE = 8n - 2K + 10m = 8(12) - 2(24) + 10(1) = 58$

$K = n + t = 12 + 12$

Ag: k=3,5, V=2k=7

Pb: k=2, V=2k=4

$K^* = D\ C^{111}$

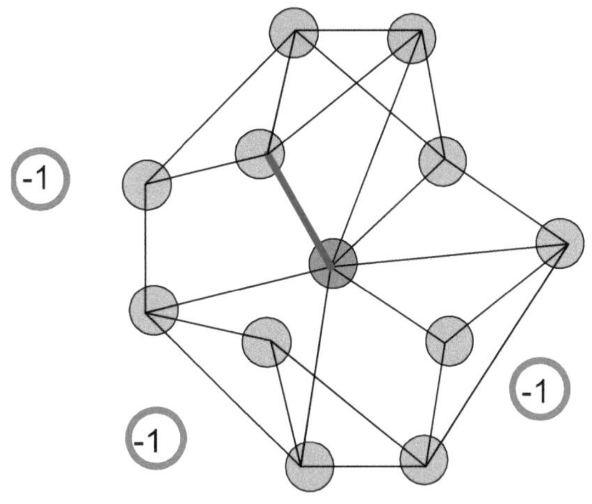

Figura 37.

UTILIZANDO NÚMEROS ESQUELÉTICOS:

K=1(3.5) +11(2) +3(-0.5) =24

VE=8n-2K+10m=8(12)-2(24) +10(1) =58

K=2n-0

S=4n+0

VE=4n+0+10m=4(12) +0+10(1) =58

Z-13: $F = PtPb_{12}^{2-}$

n=13, m=1

VF=60

VE*=VF-10m=60-10(1) =50

$K^* = D\ C^{zy}$

z+y=n=13

2z+2=VE*-2n=50-2(13) =24

2z=22

z=11

y=2

$\mathbf{K^* = D\ C^{112}}$

VE=4z+2+2y+10m=4(11) +2+2(2) +10(1) =60

K=2z-1+3y=2(11)-1+3(2) =27

VE=8n-2K+10m=8(13)-2(27) +10(1) =60

K=2n+1

S=4n-2

VE=4n-2+10m=4(13)-2+10(1) =60

K(n)=27(13)

K=n+t=13+14

Pt: k=4, V=2k=8

Pb: k=2, V=4

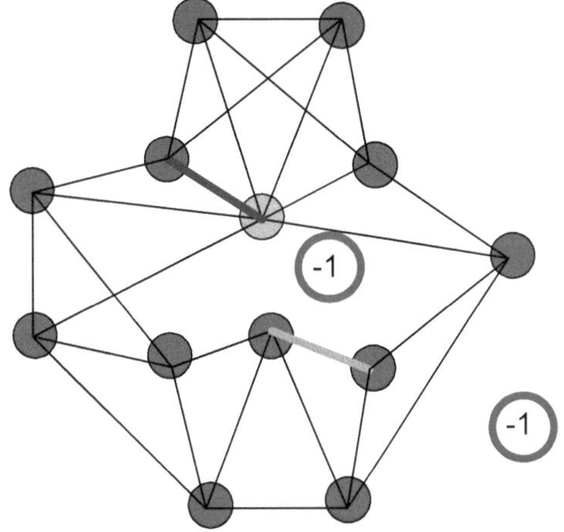

Figura 38.

Z-14: $F=CoGe_{12}^{3-}$

n=13, m=1

VF=60

VE*=VF-10m=60-10(1) =50

$K^*=D\ C^{zy}$

z+y=n=13

2z+2=VE*-2n=50-2(13) =24

2z=22

z=11

y=2

$K^*=D\ C^{112}$

K=2z-1+3y=2(11)-1+3(2) =27

K(n)=27(13)

VE=8n-2K+10m=8(13)-2(27)+10(1)=60

K=n+t=13+14

Co: k=4,5, V=2k=9

Pb: k=2, V=4

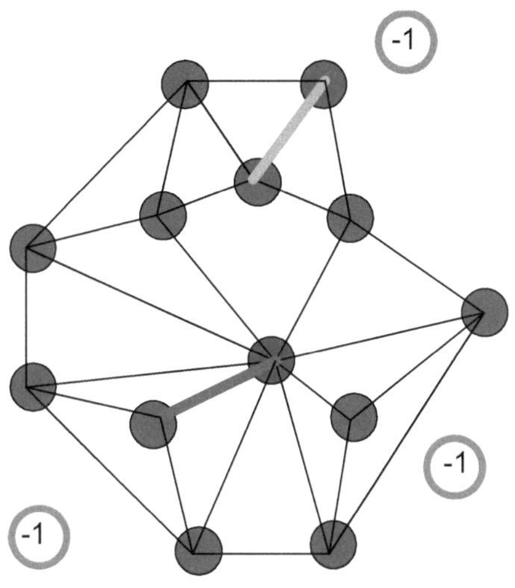

Figura 39.

VE=4z+2+2y+10m=4(11) +2+2(2) +10(1) =60

VE=8n-2K+10m=8(13)-2(27) +10(1) =60

K=2n+1

S=4n-2

VE=4n-2+10m=4(13)-2+10(1) =60

Z-14: $F=Co_2\ Ge_{16}{}^{4-}$

$n=18,\ m=2$

$VF=86$

$VE^*=VF-10m=86-10(2)=66$

$K^*=D\ C^{zy}$

$z+y=n=18$

$2z+2=VE^*-2n=66-2(18)=30$

$2z=30-2=28$

$z=14$

$y=n-z=18-14=4$

$K^*=D\ C^{144}$

$VE=4z+2+2y+10m=4(14)+2+2(4)+10(2)=86$

$K=2z-1+3y=2(14)-1+3(4)=39$

$K=9+32-2=39$

$K(n)=39(18)$

$K=n+t=18+21$

$VE=8n-2K+10m=8(18)-2(39)+10(2)=86$

$K=2n+3$

$S=4n-6$

$VE=4n-6+10m=4(18)-6+10(2)=86$

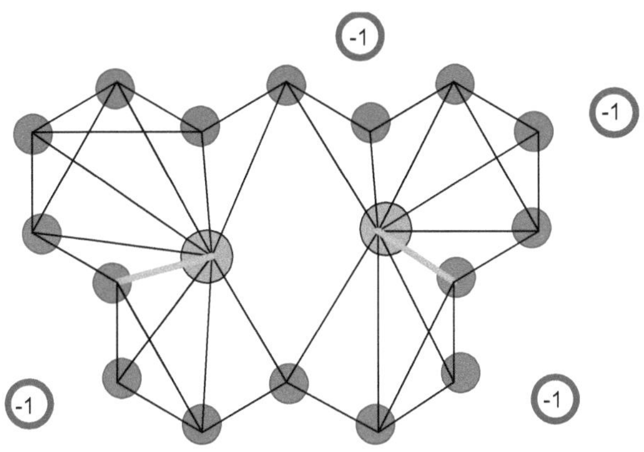

Figura 40.

Z-15: $F = Rh_3\ Sn_{24}^{5-}$

n=27, m=3

K=3(4.5) +24(2) +5(-0.5) =59

K(n)=59(27)

K=n+t=27+32

y=1+t-n=1+32-27=6

z=n-y=27-6=21

K*=D C =D C^{zy216}

VE=4z+2+2y+10m=4(21) +2+2(6) +10(3) =128

VF=27+96+5=128

VE=8n-2K+10m=8(27)-2(59) +10(3) =128

K=2n+5

S=4n-10

VE=4n-10+10m=4(27)-10+10(3) =128

K=n+t=27+32=8+8+8+3+(32)

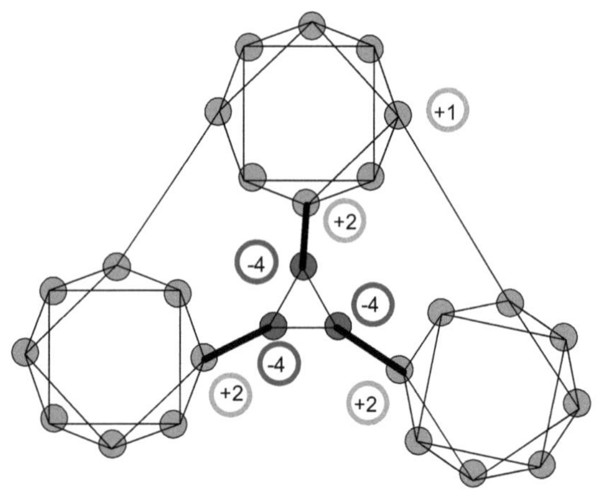

Figura 41.

Z-16: $F=Cu_{12}\,Sn_{21}{}^{12-}$

n=33, m=12

Cu: k=3,5, V=2k=7

Sn: k=2, V=2k=4

K=12(3.5) +21(2) +12(-0.5) =78

K(n)=78(33)

K=n+t=33+45

y=1+t-n=1+45-33=13

z=n-y=33-13=20

K*=D C^{zy} = D C^{2013}

VE=4z+2+2y+10m=4(20) +2+2(13) +10(12) =228

VF=228

VE=8n-2K+10m=8(33)-2(78) +10(12) =228

K=2n+12

S=4n-24

$VE=4n-24+10m=4(33)-24+10(12)=228$

$K^*=D\ C^{zy} = D\ C^{2013}$

Cu: k=3,5, V=2k=7

Sn: k=2, V=2k=4

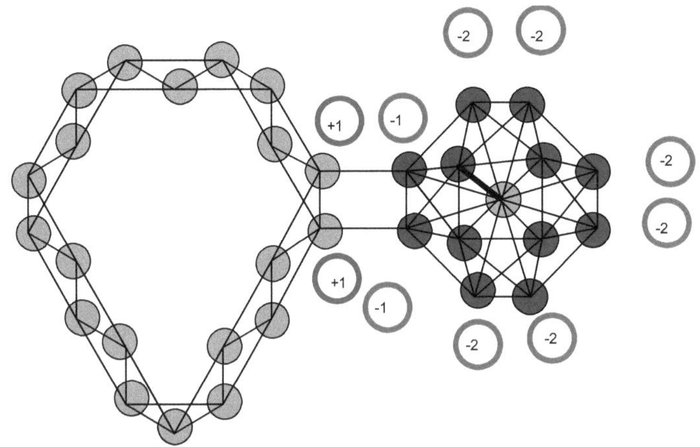

Figura 42.

Z-17: $F=Ni_{12}\ As_{21}^{3-}$

n=33, m=12

$K=12(4)+21(1.5)+3(-0.5)=78$

$K(n)=78(33)$

$K=n+t=33+45$

$y=1+t-n=1+45-33=13$

$z=n-y=33-13=20$

$K^*=D\ C^{zy} = D\ C^{2013}$

$VE=4z+2+2y+10m=4(20)+2+2(13)+10(12)=228$

$VF=228$

$VE=8n-2K+10m=8(33)-2(78)+10(12)=228$

$K=2n+12$

S=4n-24

VE=4n-24+10m=4(33)-24+10(12) =228

K*=D C^{zy} = D C^{2013}

Cu: k=3,5, V=2k=7

Sn: k=2, V=2k=4

K=n+t=33+45

y=1+t-n=1+45-33=13

z=n-y=33-13=20

K*=D C^{zy} = D C^{2013}

VE=4z+2+2y+10m=4(20) +2+2(13) +10(12) =228

VF=228

VE=8n-2K+10m=8(33)-2(78) +10(12) =228

K=2n+12

S=4n-24

VE=4n-24+10m=4(33)-24+10(12) =228

K*=D C^{zy} = D C^{2013}

Ni: k=4, V=2k=8

Como: k=1,5, V=2k=3

Z-18: $F = Ni\,Pt_{386}\,(CO)_{48}\,(H)^{5-}$

$n=44$

$VF=542$

$K^* = D\,C^{z\,y}$

$z+y=n=44$

$2z+2=VF-12n=542-12(44)=14$

$2z=12$

$z=6$

$y=38$

$K^* = D\,C^{6\,38}$

$VE=14z+2+12y=14(6)+2+12(38)=542$

$K=2z-1+3y=2(6)-1+3(38)=125$

$VE=18n-2K=18(44)-2(125)=542$

$K=2n+37$

$S=4n-74$

$VE=14n-74=14(44)-74=542$

M-1: $F = B\ H_{48}\ Fe(CO)_3$

$n=5,\ m=1$

$K = 4(2.5) + 8(-0.5) + 1(5) + 3(-1) = 8$

$K(n) = 8(5)$

$VE = 8n - 2K + 10m = 8(5) - 2(8) + 10(1) = 34$

$K = 2n - 2$

$S = 4n + 4$

$VE = 4n + 4 + 10m = 4(5) + 4 + 10(1) = 34$

$K = n + t = 5 + 3$

$y = 1 + t - n = 1 + 3 - 5 = -1$

$z = n - y = 5 - (-1) = 6$

$K^* = D\ C = D\ C^{zy6-1}$

$VE = 4z + 2 + 2y + 10m = 4(6) + 2 + 2(-1) + 10(1) = 34$

B: $k = 2,5,\ V = 5$

Fe: $k = 5,\ V = 10$

H: $k = -0,5,\ V = 2k = |k| = 1$

CO: $k = -1,\ V = |k| = 2$

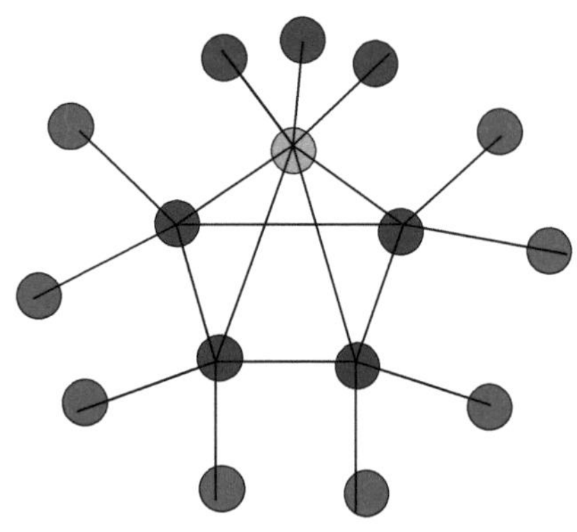

Figura 43.

M-2: $F = B\ H_{48}\ CoCp$

n=5, m=1

K=4(2.5) +8(-0.5) +1(4.5) +5(-0.5) =8

K(n)=8(5)

VE=8n-2K+10m=8(5)-2(8) +10(1) =34

K=2n-2

S=4n+4

VE=4n+4+10m=4(5) +4+10(1) =34

K=n+t=5+3

y=1+t-n=1+3-5=-1

z=n-y=5-(-1) =6

K*=D C =D C^{zy6-1}

VE=4z+2+2y+10m=4(6) +2+2(-1) +10(1) =34

B: k=2,5, V=5

Co: k=4,5, V=9

H: k=-0,5, V=2k= | k |=1

Cp: k =-2-5, V=| k |=5

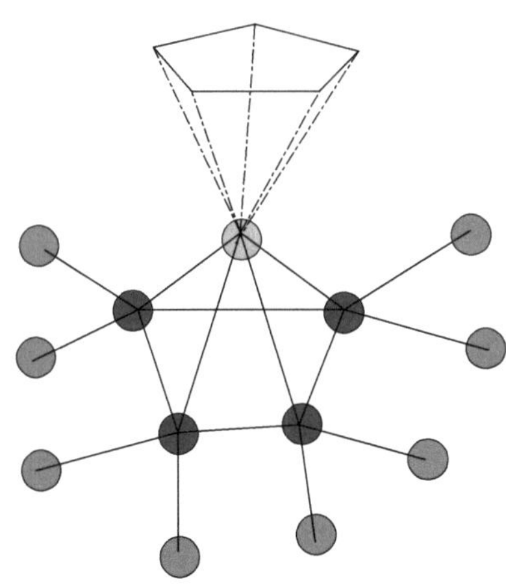

Figura 44.

M-3: $F = Fe\ B\ H_{237}\ (CO)_6$

n=5, m=2

K=2(5) +3(2.5) +7(-0.5) +6(-1) =8

K(n)=8(5)

K=n+t=5+3

y=1+t-n=1+3-5=-1

z=n-y=5-(-1) =6

K*=D C =D C^{zy6-1}

VE=4z+2+2y+10m=4(6) +2+2(-1) +10(2) =44

B: k=2,5, V=2k=5

Fe: k=5, V=2k=10

H: k=-0,5, V=2k= | k |=1

K=n+t=5+3

y=1+t-n=1+3-5=-1

z=n-y=5-(-1) =6

K*=D C =D C^{zy6-1}

VE=4z+2+2y+10m=4(6) +2+2(-1) +10(2) =44

VE=8n-2K+10m=8(5)-2(8) +10(2) =44

VF=34

K=2n-2

S=4n+4

VE=4n+4+10m=4(5) +4+10(2) =44

B: k=2,5, V=2k=5

Fe: k=5, V=2k=10

H: k=-0,5, V=2k= | k |=1

CO: k =-1, V=| k |=2

112

$K = n + t = 5 + 3$

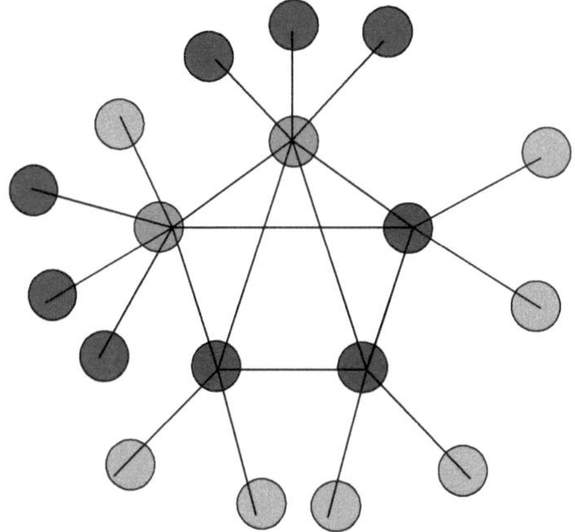

Figura 45.

M-4: F=B H_{24} Cr(CO) L_{42}

n=3, m=1

VF=28

K=2(2.5) +4(-0.5) +1(6) +4(-1) +2(-1) =3

K(n)=3(3)

VE=8n-2K+10m=8(3)-2(3) +10(1) =28

K=2n-3

S=4n+6+10m=4(3) +6+10(1) =28

K=n+t=3+0

B:k=2,5, V=2k=5

Cr: k=6, V=2k=12

H: k=-0,5, V=|2k |=1

CO: k=-1, V=|2k |=2

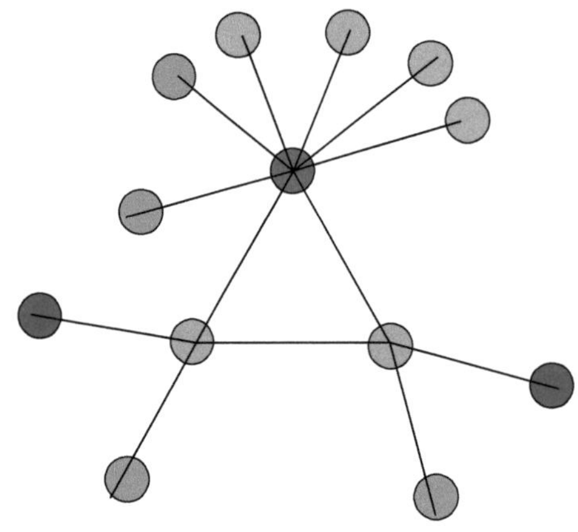

Figura 46.

M-5: $F = B \ H \ Pt \ L_{121922}^{-1}$

n=14, m=2

VF=80

$K^* = D \ C^{z \ y}$

z+y=n=14

VF-10m=VE*=80-10(2)=60-2n=60-2(14)=

32=2z+2

2z=30

z=15

y=n-z=14-15=-1

$K^* = D \ C^{15 \ -1}$

K=2z-1+3y=2(15)-1+3(-1) =26

K=12(2.5) +19(-0.5) +2(4)-2-0.5=26

K(n)=26(14)

K=n+t=14+12

VE=8n-2K+10m=8(14)-2(26) +10(2) =80

K=2n-2

S=4n+4

VE=4n+4+10m=4(14) +4+10(2) =80

K=n+t=14+12

B: k=2,5, V=2k=5

Pt: k=4, V=2k=8

H: k=-0,5, V=|2k |=1

L: k=-1, V=|2k |=2

(-1): k=-0,5, V=|2k |=1

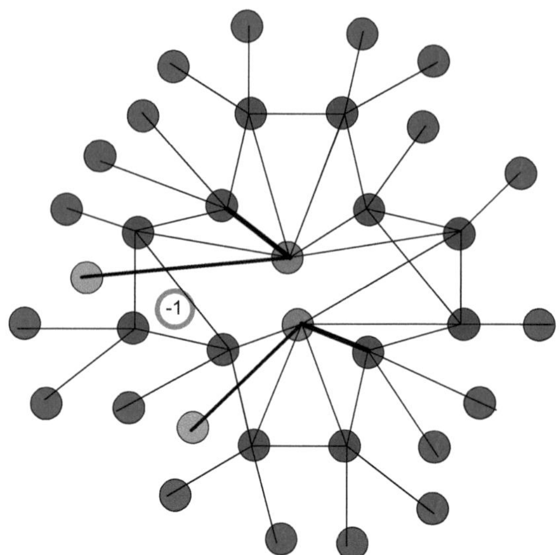

Figura 47.

M-6: $F=B\ H_{1719}\ Rh\ Cp_{22}$

$n=19,\ m=2$

$VF=98$

$K^*=D\ C^{z\,y}$

$z+y=n=19$

$VF-10m=VE^*=98-10(2)=78$

$VE^*-2n=78-2(19)=40$

$40=2z+2$

$2z=38$

$z=19$

$y=n-z=19-19=0$

$K^*=D\ C^{19\,0}$

$K=2z-1+3y=2(19)-1+3(0)=37$

$K(n)=37(19)$

$K=n+t=19+18$

$VE=8n-2K+10m=8(19)-2(37)+10(2)=98$

$K=2n-1$

$S=4n+2$

$VE=4n+2+10m=4(19)+2+10(2)=98$

$K=n+t=19+18$

B: $k=2,5,\ V=2k=5$

Rh: $k=4,5,\ V=2k=9$

H: $k=-0,5,\ V=|2k|=1$

Cp: $k=-2,5,\ V=|2k|=5$

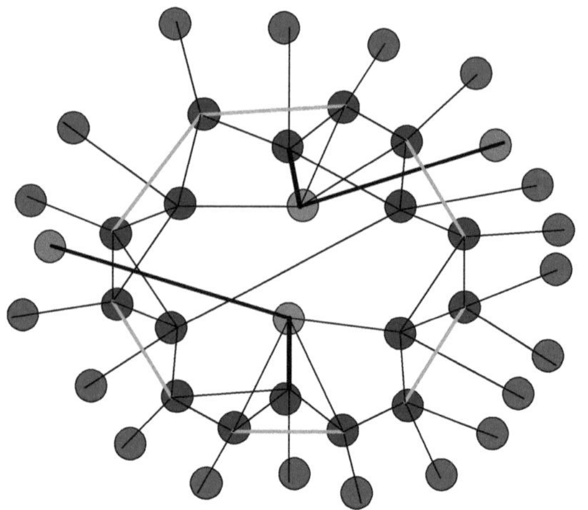

Figura 48.

M-7: F=FeCp$_2$

n=1, Cp = um ligando dador de 5 electrões;

K=1(5) +2(-2.5) =0

VE=18n-2K=18(1)-2(0) =18

O aglomerado obedece à regra dos 18 electrões.

Cp= C H$_{55}$; se considerarmos os elementos C como elementos esqueléticos e os elementos H como ligandos, então teremos que considerar o Fe e 10 átomos de C como elementos esqueléticos. Assim, n=1+10=11 e
K=1(5) +10(2) +10(-0.5) =20

K(n)=20(11)

K=n+t=11+9=10+1+(9) = 5+1+5+(9)

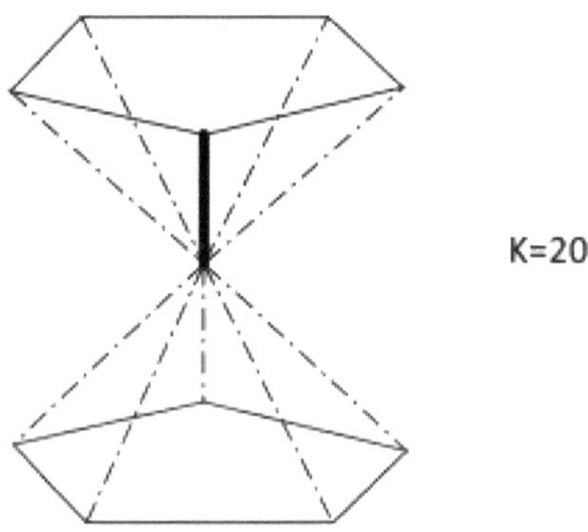

Figura 49.

Se também considerarmos que os átomos de H no anel Cp se comportam como elementos esqueléticos e não como ligandos, obtemos o seguinte valor K.
K= K=1(5) +10(2) +10(0.5) =30
Neste caso, o número esquelético de H torna-se k=+0,5 em vez de -0,5.

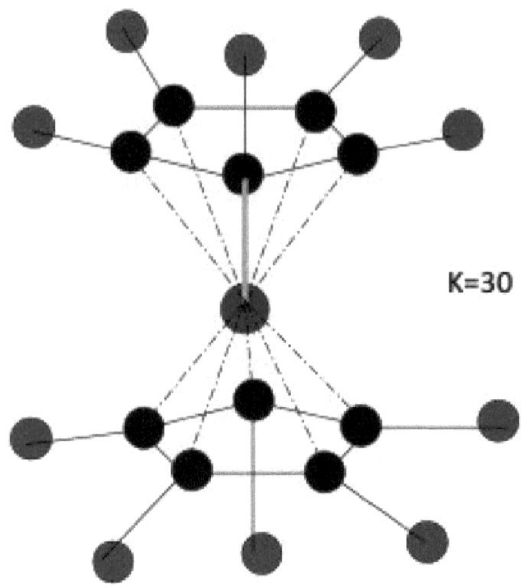

Figura 50.

M-8: F=Cr(C H)$_{662}$

Este aglomerado complexo pode ser tratado da mesma forma que no caso do Fe(C H)$_{552}$. Assim, n=25 se considerarmos que todos os átomos do Cr(C H)$_{662}$ são elementos esqueléticos.

K=1(6) +12(2) +12(0.5) =36

K(n)=36(25)

K=n+t=25+11

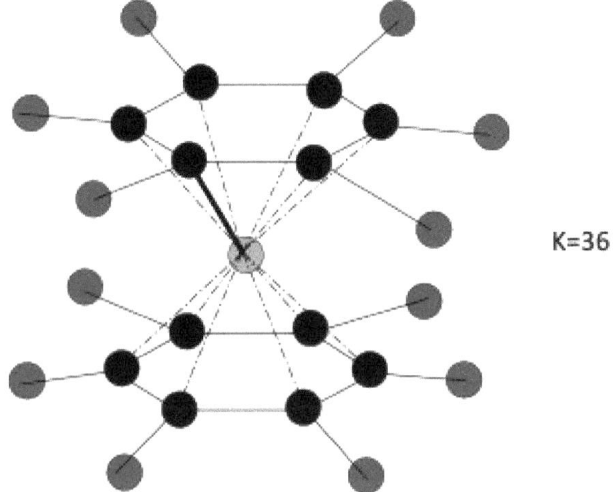

Figura 51.

UTILIZAÇÃO DE ÍNDICES DE NIVELAMENTO EM AGREGADOS MISTOS

M-9: $F = \ln Zn_{10}^{8-}$

$n=11$, $m=1$

$VF=50$

$VE=4z+2+2y=VF-10m=50-10=40\ldots\ldots(1)$

$z+y=n=11\ldots\ldots(2)$

$(2)\times2$

$2z+2y=2n=22\ldots\ldots(3)$

$(1)-(3)$

$$2z+2=VE-2n$$

$2z+2=40-22=18$

$2z=16$

$z=8$

$y=n-z=11-8=3$

$K^*=D\ C =D\ C^{zy83}$

$VE=4z+2+2y+10m=4(8)+2+2(3)+10(1)=50$

$K=2z-1+3y=2(8)-1+3(3)=24$

$K(n)=24(11)$

$K=n+t=11+13$

$VE=8n-2K+10m=8(11)-2(24)+10(1)=50$

$K=2n+2$

$S=4n-4$

$VE=4n-4+10m=4(11)-4+10(1)=50$

$K=n+t=11+13=5+1+5+(13)$

Em: $k=2{,}5$, $V=2k=5$

Zn: $k=3$, $V=6$

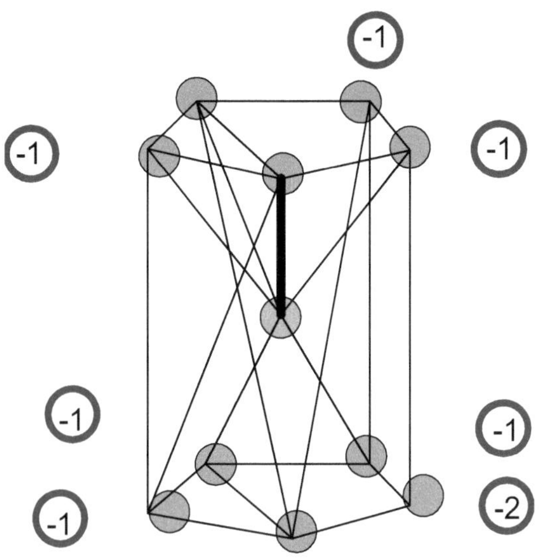

Figura 52.

M-10: $F = Te_6^{6+}$

n=6

VF=30

$K^* = D\ C^{zy}$

z+y=n=6

2z+2=VE-2n=30-2(6)=30-12=18

2z=16

z=8

y=-2

$K^* = D\ C = D\ C^{zy8-2}$

VE=4z+2+2y=4(8) +2 +2(-2) =30

K=2z-1+3y=2(8)-1+3(-2) =9

K(n)=9(6)

K=n+t=6+3

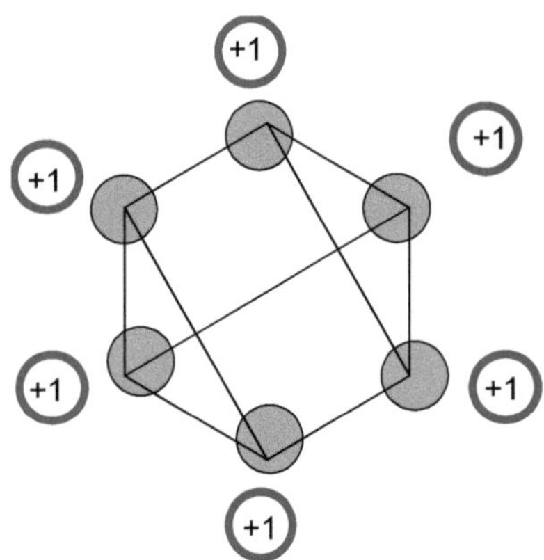

Figura 53.

$VE=8n-2K=8(6)-2(9)=30$

$K=2n-3$

$S=4n+6$

$VE=4n+6=4(6)+6=30$

M-11: $F=TaGe_8\,As_6{}^{3-}$

$n=15,\ m=1$

$K^*=D\ C^{zy}$

$z+y=n=15$

$VF=70$

$VE^*=VF-10m=70-10(1)=60$

$2z+2=VE^*-2n=60-2(15)=30$

$2z=28$

$z=14$

$y=1$

$K^*=D\ C^{141}$

$K=2z-1+3y=2(14)-1+3(1)=30$

$K(n)=30(15)$

$K=n+t=15+15$

$y=1+t-n=1+15-15=1$

z=n-y=15-1=14

VE=4z+2+2y+10m=4(14) +2+2(1) +10(1) =70

VE=8n-2K+10m=8(15)-2(30) +10(1) =70

K=2n-0

S=4n+0
VE=4n+0+10m=4(15) +0+10(1) =70

K=n+t=15+15=8+1+6+(15)
Ta: k=6,5, V=2k=13
Ge: k=2, V=2k=4
Como: k=1,5, V=2k=3

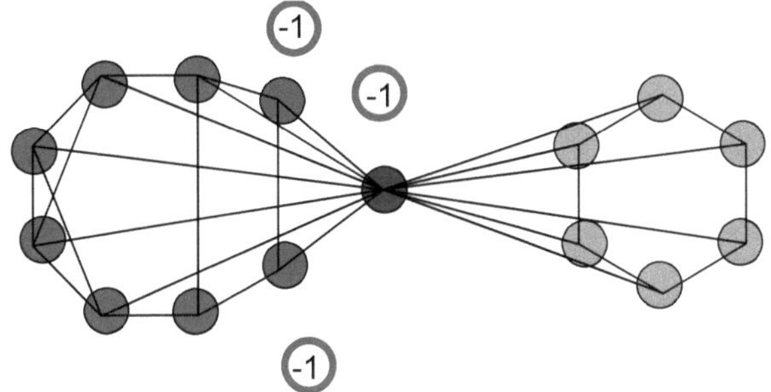

Figura 54.

M-12: $F=TaGe_8 As_4^{3-}$

$n=13$, $m=1$

$VF=60$

$VE^*=VF-10m=60-10=50$

$K^*=D\ C^{zy}$

$z+y=n=13$

$2z+2=VE^*-2n=50-2(13)=24$

$2z=22$

$z=11$

$y=n-z=13-11=2$

$K^*=D\ C\ =D\ C^{zy112}$

$K=2z-1+3y=2(11)-1+3(2)=27$

$K(n)=27(13)$

$K=n+t=13+14$

$y=1+t-n=1+14-13=2$

$z=n-y=13-2=11$

$K^*=D\ C\ =D\ C^{zy112}$

$VE=8n-2K+10m=8(13)-2(27)+10(1)=60$

$K=2n+1$

$S=4n-2$

$VE=4n-2+10m=4(13)-2+10(1)=60$

$K=n+t=13+14=8+1+4+(14)$

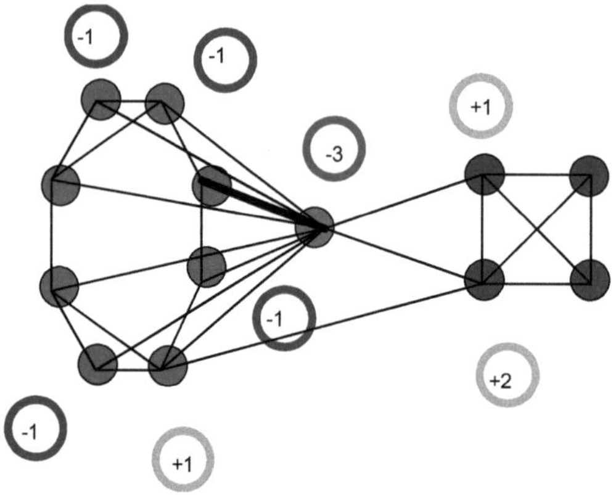

Figura 55.

M-13: $F = NiPb_{12}^{2-}$

n=13, m=1

VF=60

VE*=VF-10m=60-10(1) =50

$K^* = D\ C^{zy}$

z+y=n=13

2z+2=VE*-2n=50-2(13) =24

2z=22

z=11

y=2

$K^* = D\ C^{112}$

K=2z-1+3y=2(11)-1+3(2) =27

K(n)=27(13)

K=n+t=13+14=6+1+6+(14)

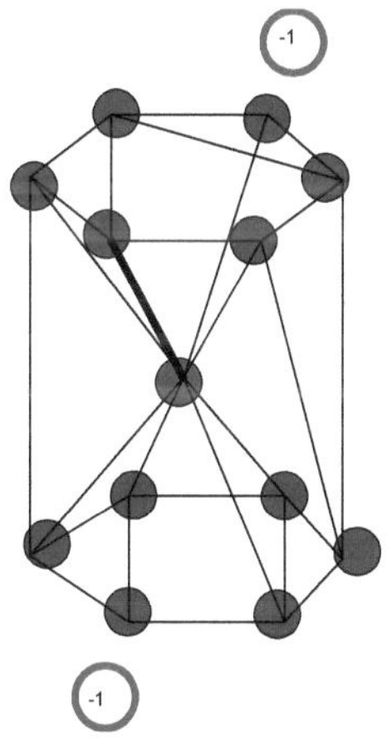

Figura 56.

VE=8n-2K+10m=8(13)-2(27) +10(1) =60
K=2n+1
S=4n-2

127

VE=4n-2+10m=4(13)-2+10(1) =60

MAIS METALOBORANOS

M-14: $F=B$ H_{48} $Fe(CO)_3$

$n=5$, $m=1$

$K=4(2.5)+8(-0.5)+1(5)+3(-1)=8$

$K(n)=8(5)$

$VE=8n-2K+10m=8(5)-2(8)+10(1)=34$

$K=2n-2$

$S=4n+4+10m=4(5)+4+10(1)=34$

$K=n+t=5+3$

$y=1+t-n=1+3-5=-1$

$z=n-y=5-(-1)=6$

$K^*=D$ C $=D$ C^{zy6-1}

$VE=4z+2+2y+10m=4(6)+2+2(-1)+10(1)=34$

B: $k=2{,}5$, $V=5$

Fe: $k=5$, $V=10$

H: $k=-0{,}5$, $V=2k=|k|=1$

CO: $k=-1$, $V=|k|=2$

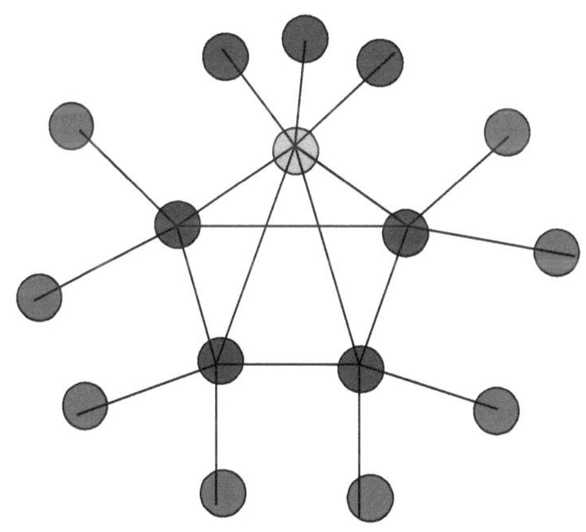

Figura 57.

M-15: $F=Cp_2$ Ir B H_{255}

$n=7$, $m=2$

$VF=48$

$K^*=D\ C^{zy}$

$z+y=n$

$VE^*=VF-10m=48-10(2) =28$

$VE^*-2n=28-2(7) =14= 2z+2$

$2z=12$

$z=6$

$y=n-z=7-6=1$

$K^*=D\ C\ =D\ C^{zy61}$

$K=2z-1+3y=2(6)-1+3(1) =14$

$K=2(-2.5) +2(4.5) +5(2.5) +5(-0.5) =14$

$K(n)=14(7)$

$VE=8n-2K+10m=8(7)-2(14) +10(2) =48$

$K=2n-0$

$K=n+t=7+7$

$VE=4z+2+2y+10m=4(6) +2+2(1) +10(2) =48$

B: $k=2,5$, $V=5$

Ir: $k=4,5$, $V=9$

H: $k=-0,5$, $V=2$ | k |$=1$

Cp: $k =-2,5$, $V=2$| k |$=5$

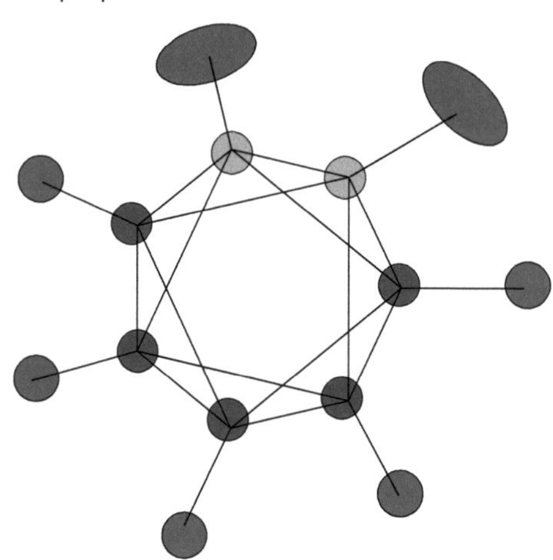

Figura 58.

M-16: $F=CpFe(CO)_3 (H)MoB\ H_{55}$

$n=7,\ m=2$

$VF=46$

$K^*=D\ C^{zy}$

$z+y=n=7$

$VE^*=VF-10m=46-10(2)=26$

$VE^*-2n=26-2(7)=12=2z+2$

$2z=10$

$z=5$

$y=n-z=7-5=2$

$K^*=D\ C =D\ C^{zy52}$

$K=2z-1+3y=2(5)-1+3(2)=15$

$K(n)=15(7)$

$K=n+t=7+8$

$VE=4z+2+2y+10m=4(5)+2+2(2)+10(2)=46$

$VE=8n-2K+10m=8(7)-2(14)+10(2)=48$

$K=2n-0$

$S=4n+0$

$VE=4n+0+10m=4(7)+0+10(2)=48$

$B: k=2,5,\ V=5$
$Fe: k=5,\ V=10$
$H: k=-0,5,\ V=2\ |\ k\ |=1$
$Cp: k=-2,5,\ V=2|\ k\ |=5$
$K=n+t=7+8$

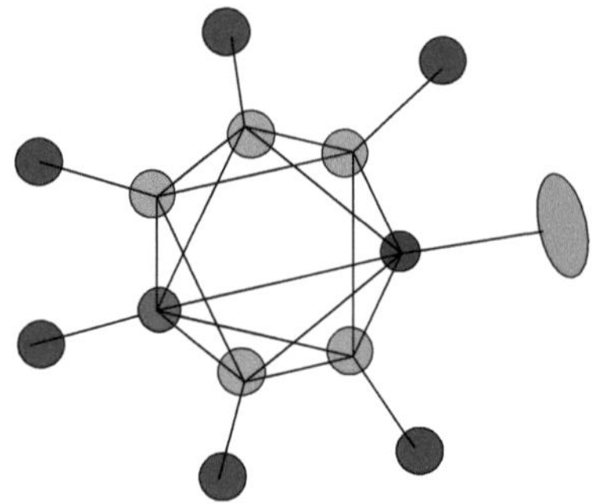

Figura 59.

$F = CpFe(CO)_3\,(H)MoB\,H_{55}$

$n=7,\ m=2$

$VF=46$

$K^* = D\ C^{zy}$

$z+y=n=7$

$VE^* = VF-10m = 46-10(2) = 26$

$VE^*-2n = 26-2(7) = 12 = 2z+2$

$2z=10$

$z=5$

$y=n-z=7-5=2$

$K^* = D\ C = D\ C^{zy52}$

$K = 2z-1+3y = 2(5)-1+3(2) = 15$

$K(n) = 15(7)$

$VE = 8n-2K+10m = 8(7)-2(15)+10(2) = 46$

$K = 2n+1$

$S = 4n-2$

$VE = 4n-2+10m = 4(7)-2+10(2) = 46$

$K = n+t = 7+8$

$VE = 4z+2+2y+10m = 4(5)+2+2(2)+10(2) = 46$

$B:\ k=2,5,\ V=5$

$Fe:\ k=5,\ V=10$

$H:\ k=-0,5,\ V=2\ |\,k\,|=1$

$Cp:\ k=-2,5,\ V=2|\,k\,|=5$

$K = n+t = 7+8$

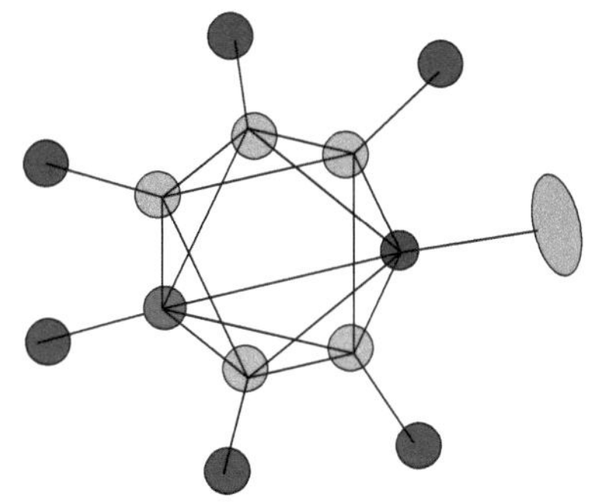

M-17: $F=Cp_4$ Co B H_{444}

n=8, m=4

VF=72

K^*=D C^{zy}

z+y=n=8

VE*=VF-10m=72-10(4) =32

VE*-2n=32-2(8) =16= 2z+2

2z=14

z=7

y=n-z=8-7=1

K^*=D C =D C^{zy71}

K=2z-1+3y=2(7)-1+3(1) =16

K(n)=16(8)

VE=8n-2K+10m=8(8)-2(16) +10(4) =72

K=2n-0

S=4n+0

VE=4n+0+10m=4(8) +0+10(4) =72

K=n+t=8+8

VE=4z+2+2y+10m=4(7) +2+2(1) +10(4) =72

B: k=2,5, V=5

Co: k=4,5, V=2k=9

H: k=-0,5, V=2 | k |=1

Cp: k =-2,5, V=2| k |=5

K=n+t=8+8

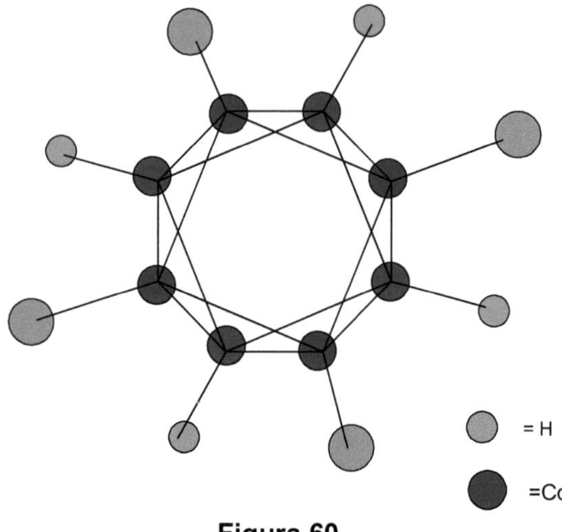

Figura 60.

M-18: $F=Cp_4$ Ni B H_{444}

n=8, m=4

VF=76

$K^*=D\ C^{zy}$

z+y=n=8

VE*=VF-10m=76-10(4) =36

VE*-2n=36-2(8) =20= 2z+2

2z=18

z=9

y=n-z=8-9=-1

$K^*=D\ C\ =D\ C^{zy9-1}$

K=2z-1+3y=2(9)-1+3(-1) =14

K(n)=14(8)

VE=8n-2K+10m=8(8)-2(14) +10(4) =76

K=2n-2

S=4n+4

VE=4n+4+10m=4(8) +4+10(4) =76

K=n+t=8+6

VE=4z+2+2y+10m=4(9) +2+2(-1) +10(4) =76

B: k=2,5, V=5

Co: k=4,5, V=2k=9

H: k=-0,5, V=2 | k |=1

Cp: k =-2,5, V=2| k |=5

K=n+t=8+6

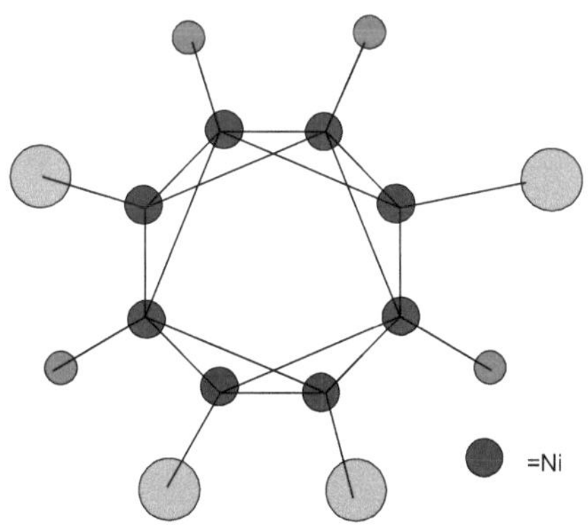

Figura 61.

M-19: $F=Cu(B\ H\ )_{11112}{}^{3-}$

n=23, m=1

VF=102

$K^*=D\ C^{zy}$

z+y=n=23

VE*=VF-10m=102-10(1) =92

92-2n=92-2(23) =46=2z+2

2z=44

z=22

y=n-z=23-22=1

$K^*=D\ C\ =D\ C^{zy221}$

K=2z-1+3y=2(22)-1+3(1) =46

K(n)=46(23)

K=n+t=23+23=11-1+11+(23)

VE=4z+2+2y+10m=4(22) +2+2(1) +10(1) =102

VE=8n-2K+10m=8(23)-2(46) +10(1) =102

K=2n-0

S=4n+0

VE=4n+0+10m=4(23) +0+10(1) =102

B: k=2,5, V=5

Cu: k=3,5, V=2k=9

H: k=-0,5, V=2 | k |=1

K=n+t=23+23=11-1+11+(23)

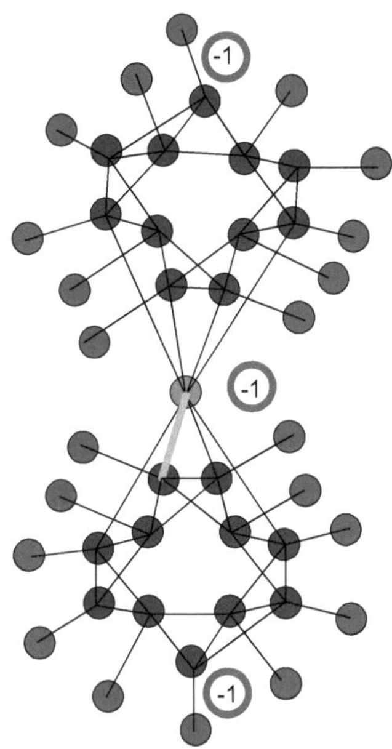

Figura 62.

M-20: $F = Cp_4\ Ni\ B\ H_{444}$

$n=8,\ m=4$

$VF=76$

$K^* = D\ C^{zy}$

$z+y=n=8$

$VE^* = VF-10m = 76-10(4) = 36$

$VE^* - 2n = 36-2(8) = 20 = 2z+2$

$2z=18$

$z=9$

$y=n-z=8-9=-1$

$K^* = D\ C = D\ C^{zy9\text{-}1}$

$K=2z-1+3y=2(9)-1+3(-1) = 14$

$K(n)=14(8)$

$VE=8n-2K+10m=8(8)-2(14)+10(4)=76$

$K=2n-2$

$S=4n+4$

$VE=4n+4+10m=4(8)+4+10(4)=76$

$K=n+t=8+6$

VE=4z+2+2y+10m=4(9) +2+2(-1) +10(4) =76
B: k=2,5, V=5
Co: k=4,5, V=2k=9
H: k=-0,5, V=2 | k |=1
Cp: k =-2,5, V=2| k |=5

K=n+t=8+6

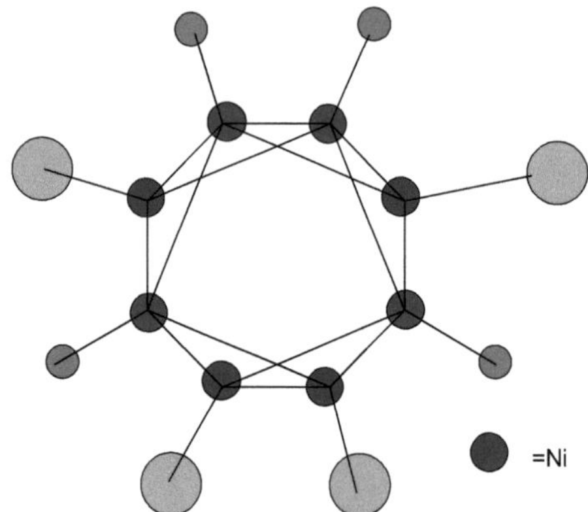

Figura 63.

M-21: $F=CpCoB\ H_{48}$

n=5, m=1

VF=34

VE*=VF-10m=34-10(1) =24

K*=D C^{zy}

z+y=n=5

VE*-2n=24-2(5) =14=2z+2

2z=12

z=6

y=n-z=5-6=-1

K*=D C =D C^{zy6-1}

K=2z-1+3y=2(6)-1+3(-1) =8

K(n)=8(5)

K=n+t=5+3

VE=4z+2+2y+10m=4(6) +2+2(-1) +10(1) =34

VE=8n-2K+10m=8(5)-2(8) +10(1) =34

K=2n-2

S=4n+4

VE=4n+4+10m=4(5) +4+10(1) =34

B: k=2,5, V=5

Co: k=4,5, V=2k=9

H: k=-0,5, V=2 | k |=1

Cp: k =-2,5, V=2| k |=5

K=n+t=5+3

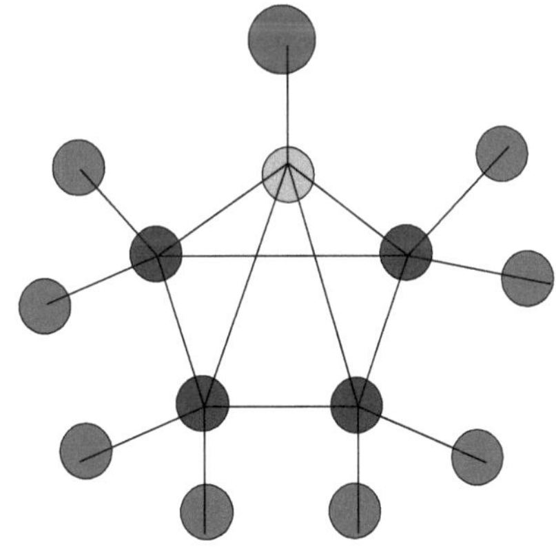

$$\textbf{Figura 64.}$$

M-22: $F = B\ H_{28}\ Cr(CO)_4$

$n=3,\ m=1$

$VF=28$

$VE^*=VF-10m=28-10(1)=18$

$K^*=D\ C^{zy}$

$z+y=n=3$

$VE^*-2n=18-2(3)=12=2z+2$

$2z=10$

$z=5$

$y=n-z=3-5=-2$

$K^*=D\ C\ =D\ C^{zy5-2}$

$K=2z-1+3y=2(5)-1+3(-2)=3$

$K(n)=3(3)$

$K=n+t=3+0$

$VE=4z+2+2y+10m=4(5)+2+2(-2)+10(1)=28$

$VE=8n-2K+10m=8(3)-2(3)+10(1)=28$

$K=2n-3$

$S=4n+6$

$VE=4n+6+10m=4(3)+6+10(1)=28$

B: $k=2,5,\ V=5$

Cr: $k=6,\ V=2k=12$

H: $k=-0,5,\ V=2\ |\ k\ |=1$

CO: $k=-1,\ V=2|\ k\ |=2$

$K=n+t=3+0$

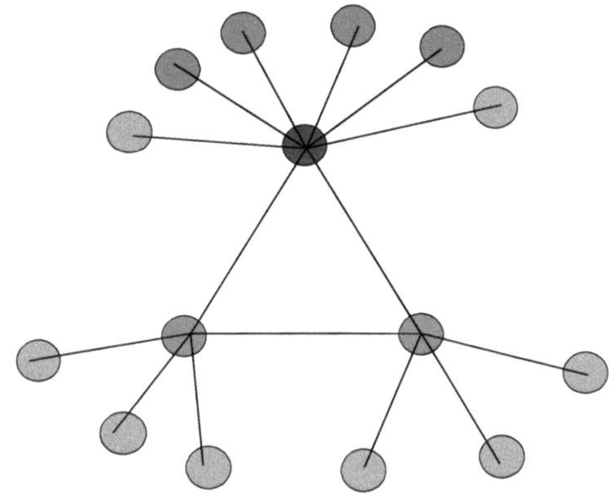

Figura 65.

M-23: $F = B\ H_{37}\ Fe_2\ (CO)_6$

n=5, m=2

VF=44

VE*=VF-10m=44-10(2) =24

$K^* = D\ C^{zy}$

z+y=n=5

VE*-2n=24-2(5) =14=2z+2

2z=12

z=6

y=n-z=5-6=-1

$\mathbf{K^* = D\ C = D\ C^{zy6\text{-}1}}$

K=2z-1+3y=2(6)-1+3(-1) =8

K(n)=8(5)

K=n+t=5+3

VE=4z+2+2y+10m=4(6) +2+2(-1) +10(2) =44

VE=8n-2K+10m=8(5)-2(8) +10(2) =44

K=2n-2

S=4n+4

VE=4n+4+10m=4(5) +4+10(2) =44

B: k=2,5, V=5

Fe: k=5, V=2k=10

H: k=-0,5, V=2 | k |=1

CO: k =-1, V=2| k |=2
K=n+t=5+3

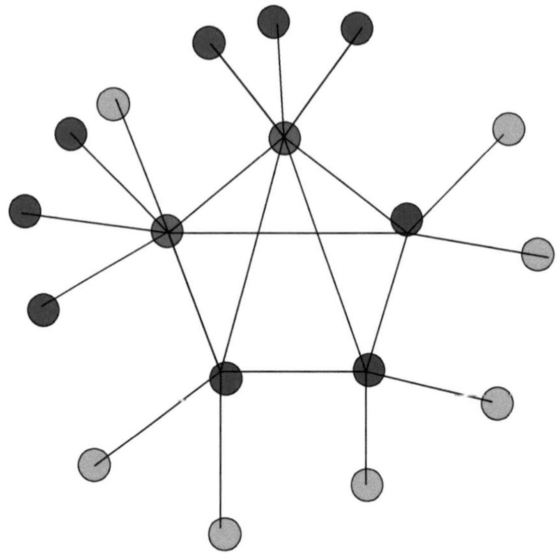

Figura 66.

M-24: $F = B\,H_{49}\,CuL_2$

n=5, m=1

VF=36

VE*=VF-10m=36-10(1) =26

$K^* = D\ C^{zy}$

z+y=n=5

VE*-2n=26-2(5) =16=2z+2

2z=14

z=7

y=n-z=5-7=-2

$K^* = D\ C = D\ C^{zy7-2}$

K=2z-1+3y=2(7)-1+3(-2) =7

K(n)=7(5)

K=n+t=5+2

VE=4z+2+2y+10m=4(7) +2+2(-2) +10(1) =36

VE=8n-2K+10m=8(5)-2(7) +10(1) =36

K=2n-3

S=4n+6

VE=4n+6+10m=4(5) +6+10(1) =36

B: k=2,5, V=5

Cu: k=3,5, V=2k=7

H: k=-0,5, V=2 | k |=1

L: k =-1, V=2| k |=2

K=n+t=5+2

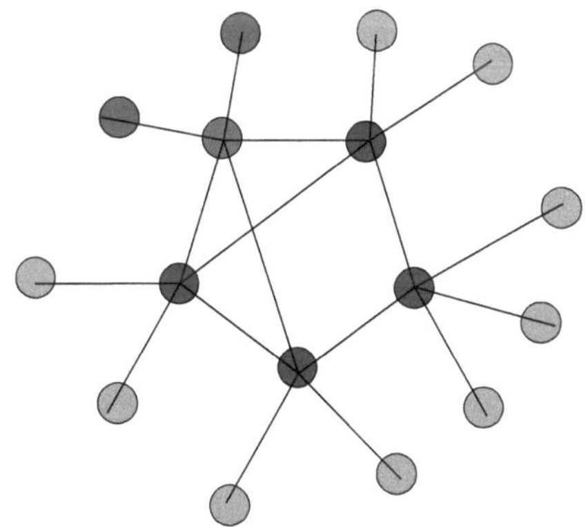

Figura 67.

M-25: $F=Ru_6 (CO)_{18}^{2-}$

$n=6$

$VF=86$

$K^*=D\ C^{zy}$

$z+y=6$

$2z+2=VF-12n=86-12(6)=14$

$2z=12$

$z=6$

$y=n-z=6-6=0$

$K^*=D\ C^{60}$

$VE=14z+2+12y=14(6)+2+12(0)=86$

$K=2z-1+3y=2(6)-1+3(0)=11$

$K(n)=11(6)$

$K=n+t=6+5$

$VE=18n-2K=18(6)-2(11)=86$

$K=2n-1$

$S=4n+2$

$VE=14n+2=14(6)+2=86$

M-26: $F=Rh_7 (CO)_{16}^{3-}$

$n=7$

$VF=98$

$K^*=D\ C^{zy}$

$z+y=n=7$

$2z+2=VF-12n=98-12(7)=14$

$2z=12$

$z=6$

$y=n-z=7-6=1$

$K^*=D\ C^{61}$

$K=2z-1+3y=2(6)-1+3(1)=14$

$K(n)=14(7)$

$K=n+t=7+7$

$VE=14z+2+12y=14(6)+2+12(1)=98$

$VE=18n-2K=18(7)-2(14)=98$

$K=2n-0$

$S=4n+0$

$VE=14n+0=14(7)+0=98$

M-27: $F=Os_8 (CO)_{22}^{2-}$

$n=8$

$VF=110$

$K^*=D\ C^{zy}$

$z+y=n=8$

$2z+2=VF-12n=110-12(8)=14$

$2z=12$

$z=6$

$y=n-z=8-6=2$

$K^*=D\ C^{62}$

$K=2z-1+3y=2(6)-1+3(2)=17$

$K(n)=17(8)$

$K=n+t=8+9$

$VE=14z+2+12y=14(6)+2+12(2)=110$

$VE=18n-2K=18(8)-2(17)=110$

$K=2n+1$

$S=4n-2$

$VE=14n-2=14(8)-2=110$

M-28: $F=Os_{10}$ $(C)(CO)_{24}{}^{2-}$
n=10
VF=134
$K^*=D\ C^{zy}$
z+y=n=10
2z+2=VF-12n=134-12(10)=14
2z=12
z=6
y=n-z=10-6=4
$K^*=D\ C^{64}$
K=2z-1+3y=2(6)-1+3(4) =23
K(n)=23(10)
K=n+t=10+13
VE=14z+2+12y=14(6) +2+12(4) =134
VE=18n-2K=18(10)-2(23) =134
K=2n+3
S=4n-6
VE=14n-6=14(10)-6=134

M-29: $F=Pd_{16}$ $(CO)\ L_{139}$
n=16
VF=204
$K^*=D\ C^{zy}$
z+y=n=16
2z+2=VF-12n=204-12(16) =12
2z=10
z=5
y=n-z=16-5=11
$K^*=D\ C^{511}$
K=2z-1+3y=2(5)-1+3(11) =42
K(n)=42(16)
K=n+t=16+26
VE=14z+2+12y=14(5) +2+12(11) =204
VE=18n-2K=18(16)-2(42) =204
K=2n+10
S=4n-20

$VE=14n-20=14(16)-20=204$

M-30: $F=Rh_{17}(CO)_{30}^{3-}$
$n=17$
$VF=216$
$K^{*}=D\ C^{zy}$
$z+y=n=17$
$2z+2=VF-12n=216-12(17)=12$
$2z=10$
$z=5$
$y=n-z=17-5=12$
$K^{*}=D\ C^{512}$
$K=2z-1+3y=2(5)-1+3(12)=45$
$K(n)=45(17)$
$K=n+t=17+28$
$VE=14z+2+12y=14(5)+2+12(12)=216$
$VE=18n-2K=18(17)-2(45)=216$
$K=2n+11$
$S=4n-22$
$VE=14n-22=14(17)-22=216$

M-31: $F=Rh_{15}(CO)_{27}^{3-}$
$n=15$
$VF=192$
$K^{*}=D\ C^{zy}$
$z+y=n=15$
$2z+2=VF-12n=192-12(15)=12$
$2z=10$
$z=5$
$y=n-z=15-5=10$
$K^{*}=D\ C^{510}$
$K=2z-1+3y=2(5)-1+3(10)=39$
$K(n)=39(15)$
$K=n+t=15+24$
$VE=14z+2+12y=14(5)+2+12(10)=192$
$VE=18n-2K=18(15)-2(39)=192$
$K=2n+9$

S=4n-18
VE=14n-18=14(15)-18=192

M-32: $F=Rh_{22}(CO)_{37}^{4-}$
n=22
VF=276
$K^*=D\ C^{zy}$
z+y=n=22
2z+2=VF-12n=276-12(22) =12
2z=10
z=5
y=n-z=22-5=17
$K^*=D\ C^{517}$
K=2z-1+3y=2(5)-1+3(17) =60
K(n)=60(22)
K=n+t=22+38
VE=14z+2+12y=14(5) +2+12(17) =276
VE=18n-2K=18(22)-2(60) =276
K=2n+16
S=4n-32
VE=14n-32=14(22)-32=276

M-33: $F=Co\ Pt_{8\ 4}(C_2)(CO)_{24}^{2-}$
n=12
VF=170
$K^*=D\ C^{zy}$
z+y=n=12
2z+2=VF-12n=170-12(12) =26
2z=24
z=12
y=n-z=12-12=0
$K^*=D\ C^{120}$
K=2z-1+3y=2(12)-1+3(0) =23
K(n)=23(12)
K=n+t=12+11
VE=14z+2+12y=14(12) +2+12(0) =170
VE=18n-2K=18(12)-2(23) =170
K=2n-1

$S=4n+2$

$VE=14n+2=14(12)+2=170$

M-34: $F=Fe_4\ Cu_5\ (CO)_{16}^{3-}$

$n=9$

$VF=122$

$K^*=D\ C^{zy}$

$z+y=n=9$

$2z+2=VF-12n=122-12(9)=14$

$2z=12$

$z=6$

$y=n-z=9-6=3$

$K^*=D\ C^{63}$

$K=2z-1+3y=2(6)-1+3(3)=20$

$K=20+5(3.5)+16(-1)+3(-0.5)=20$

$K(n)=20(9)$

$K=n+t=9+11$

$VE=14z+2+12y=14(6)+2+12(3)=122$

$VE=18n-2K=18(9)-2(20)=122$

$K=2n+2$

$S=4n-4$

$VE=14n-4=14(9)-4=122$

M-35: $F = Ni_9 C(CO)_{17}^{2-}$

$n = 9$

$VF = 130$

$K^* = D\ C^{zy}$

$z + y = n = 9$

$2z + 2 = VF - 12n = 130 - 12(9) = 22$

$2z = 20$

$z = 10$

$y = n - z = 9 - 10 = -1$

$K^* = D\ C^{10-1}$

$K = 2z - 1 + 3y = 2(10) - 1 + 3(-1) = 16$

$K = 9(4) - 2 - 17 - 1 = 16$

$K(n) = 16(9)$

$K = n + t = 9 + 7$

$VE = 14z + 2 + 12y = 14(10) + 2 + 12(-1) = 130$

$VE = 18n - 2K = 18(9) - 2(16) = 130$

$K = 2n - 2$

$S = 4n + 4$

$VE = 14n + 4 = 14(9) + 4 = 130$

M-36: $F=Ni_{32} Au_6 (CO)_{44}^{6-}$

$n=38$

$VF=480$

$K^*=D\ C^{zy}$

$z+y=n=38$

$2z+2=VF-12n=480-12(38)=24$

$2z=22$

$z=11$

$y=n-z=38-11=27$

$K^*=D\ C^{1127}$

$K=2z-1+3y=2(11)-1+3(27)=102$

$K=32(4)+6(3.5)+44(-1)+6(-0.5)=102$

$K(n)=102(38)$

$K=n+t=38+64$

$VE=14z+2+12y=14(11)+2+12(27)=480$

$VE=18n-2K=18(38)-2(102)=480$

$K=2n+26$

$S=4n-52$

$VE=14n-52=14(38)-52=480$

M-37: $F = Ni_{12} Au(CO)_{24}^{3-}$

$n=13$

$VF=182$

$K^*=D\ C^{zy}$

$z+y=n=13$

$2z+2=VF-12n=182-12(13)=26$

$2z=24$

$z=12$

$y=n-z=13-12=1$

$K^*=D\ C^{121}$

$K=2z-1+3y=2(12)-1+3(1)=26$

$K=12(4)+1(3.5)+24(-1)+3(-0.5)=26$

$K(n)=26(13)$

$K=n+t=13+13$

$VE=14z+2+12y=14(12)+2+12(1)=182$

$VE=18n-2K=18(13)-2(26)=182$

$K=2n-0$

$S=4n+0$

$VE=14n+0=14(13)+0=182$

M-38: $F = Pt_{38}(CO)_{44}{}^{2-}$

$n = 38$

$VF = 470$

$K^* = D\ C^{zy}$

$z + y = n = 38$

$2z + 2 = VF - 12n = 470 - 12(38) = 14$

$2z = 12$

$z = 6$

$y = n - z = 38 - 6 = 32$

$K^* = D\ C^{632}$

$K = 2z - 1 + 3y = 2(6) - 1 + 3(32) = 107$

$K = 38(4) - 44 - 1 = 107$

$K(n) = 107(38)$

$K = n + t = 38 + 69$

$VE = 14z + 2 + 12y = 14(6) + 2 + 12(32) = 470$

$VE = 18n - 2K = 18(38) - 2(107) = 470$

$K = 2n + 31$

$S = 4n - 62$

$VE = 14n - 62 = 14(38) - 62 = 470$

M-39: $F=Pt_{38}(CO)_{44}^{2-}$

n=38

VF=470

$K^*=D\ C^{zy}$

z+y=n=38

2z+2=VF-12n=470-12(38) =14

2z=12

z=6

y=n-z=38-6=32

$K^*=D\ C^{632}$

K=2z-1+3y=2(6)-1+3(32) =107

K=38(4)-44-1=107

K(n)=107(38)

K=n+t=38+69

VE=14z+2+12y=14(6) +2+12(32) =470

VE=18n-2K=18(38)-2(107) =470

K=2n+31

S=4n-62

VE=14n-62=14(38)-62=470

M-40: $F=Os_8 (CO)_{22} (AuL)_2$

$n=10$

$VF=134$

$K^*=D\ C^{zy}$

$z+y=n=10$

$2z+2=VF-12n=134-12(10)=14$

$2z=12$

$z=6$

$y=n-z=10-6=4$

$K^*=D\ C^{64}$

$K=2z-1+3y=2(6)-1+3(4)=23$

$K=40-22+5=23$

$K(n)=23(10)$

$K=n+t=10+13$

$VE=14z+2+12y=14(6)+2+12(4)=134$

$VE=18n-2K=18(10)-2(23)=134$

$K=2n+3$

$S=4n-6$

$VE=14n-6=14(10)-6=134$

M-41: $F = Rh_{10} (CO)_{18} (C)_2 (AuL)_6$

$n=16$

$VF=212$

$K^* = D\ C^{zy}$

$z+y=n=16$

$2z+2=VF-12n=212-12(16)=20$

$2z=18$

$z=9$

$y=n-z=16-9=7$

$K^* = D\ C^{97}$

$K=2z-1+3y=2(9)-1+3(7)=38$

$K=45-18-4+6(2.5)=38$

$K(n)=38(16)$

$K=n+t=16+22$

$VE=14z+2+12y=14(9)+2+12(7)=212$

$VE=18n-2K=18(16)-2(38)=212$

$K=2n+6$

$S=4n-12$

$VE=14n-12=14(16)-12=212$

M-42: $F = Ir_6 \ Ru_3 \ (CO)_{21} \ (AuL)^{-1}$

$n = 10$

$VF = 134$

$K^* = D \ C^{zy}$

$z + y = n = 10$

$2z + 2 = VF - 12n = 134 - 12(10) = 14$

$2z = 12$

$z = 6$

$y = n - z = 10 - 6 = 4$

$K^* = D \ C^{64}$

$K = 2z - 1 + 3y = 2(6) - 1 + 3(4) = 23$

$K(n) = 23(10)$

$K = n + t = 10 + 13$

$VE = 14z + 2 + 12y = 14(6) + 2 + 12(4) = 134$

$VE = 18n - 2K = 18(10) - 2(23) = 134$

$K = 2n + 3$

$S = 4n - 6$

$VE = 14n - 6 = 14(10) - 6 = 134$

M-43: $F = Ru_6 B(CO)_{17} (AuL)$

$n = 7$

$VF = 98$

$K^* = D\ C^{zy}$

$z + y = n = 7$

$2z + 2 = VF - 12n = 98 - 12(7) = 14$

$2z = 12$

$z = 6$

$y = n - z = 7 - 6 = 1$

$K^* = D\ C^{61}$

$K = 2z - 1 + 3y = 2(6) - 1 + 3(1) = 14$

$K(n) = 14(7)$

$K = n + t = 7 + 7$

$VE = 14z + 2 + 12y = 14(6) + 2 + 12(1) = 98$

$VE = 18n - 2K = 18(7) - 2(14) = 98$

$K = 2n - 0$

$S = 4n + 0$

$VE = 14n + 0 = 14(7) + 0 = 98$

M-44: $F = Ru_6 B(CO)_{17} (AuL)$

$n = 7$

$VF = 98$

$K^* = D\ C^{zy}$

$z + y = n = 7$

$2z + 2 = VF - 12n = 98 - 12(7) = 14$

$2z = 12$

$z = 6$

$y = n - z = 7 - 6 = 1$

$K^* = D\ C^{61}$

$K = 2z - 1 + 3y = 2(6) - 1 + 3(1) = 14$

$K(n) = 14(7)$

$K = n + t = 7 + 7$

$VE = 14z + 2 + 12y = 14(6) + 2 + 12(1) = 98$

$VE = 18n - 2K = 18(7) - 2(14) = 98$

$K = 2n - 0$

$S = 4n + 0$

$VE = 14n + 0 = 14(7) + 0 = 98$

M-45: $F=Ru_4\ Ir_2\ B(CO)_{16}\ (AuL)$

$n=7$

$VF=98$

$K^*=D\ C^{zy}$

$z+y=n=7$

$2z+2=VF-12n=98-12(7)=14$

$2z=12$

$z=6$

$y=n-z=7-6=1$

$K^*=D\ C^{61}$

$K=2z-1+3y=2(6)-1+3(1)=14$

$K(n)=14(7)$

$K=n+t=7+7$

$VE=14z+2+12y=14(6)+2+12(1)=98$

$VE=18n-2K=18(7)-2(14)=98$

$K=2n-0$

$S=4n+0$

$VE=14n+0=14(7)+0=98$

M-46: $F= Ir_6 (CO)_{15} (AuL)^{-1}$

$n=7$

$VF=98$

$K^*=D\ C^{zy}$

$z+y=n=7$

$2z+2=VF-12n=98-12(7)=14$

$2z=12$

$z=6$

$y=n-z=7-6=1$

$K^*=D\ C^{61}$

$K=2z-1+3y=2(6)-1+3(1)=14$

$K(n)=14(7)$

$K=n+t=7+7$

$VE=14z+2+12y=14(6)+2+12(1)=98$

$VE=18n-2K=18(7)-2(14)=98$

$K=2n-0$

$S=4n+0$

$VE=14n+0=14(7)+0=98$

M-47: F= Ru_6 $(B)(CO)_{16}$ $(AuL)_2^{-1}$

n=8

VF=110

$K^*=D\ C^{zy}$

z+y=n=8

2z+2=VF-12n=110-12(8) =14

2z=12

z=6

y=n-z=8-6=2

$K^*=D\ C^{62}$

K=2z-1+3y=2(6)-1+3(2) =17

K(n)=17(8)

K=n+t=8+9

VE=14z+2+12y=14(6) +2+12(2) =110

VE=18n-2K=18(8)-2(17) =110

K=2n+1

S=4n-2

VE=14n-2=14(8) -2=110

M-48: F= $Ru_4 Rh_2 (B)(CO)_{15} (AuL)_3$

n=9

VF=122

$K^*=D\ C^{zy}$

z+y=n=9

2z+2=VF-12n=122-12(9) =14

2z=12

z=6

y=n-z=9-6=3

$K^*=D\ C^{63}$

K=2z-1+3y=2(6)-1+3(3) =20

K(n)=20(9)

K=n+t=9+11

VE=14z+2+12y=14(6) +2+12(3) =122

VE=18n-2K=18(9)-2(20) =122

K=2n+2

S=4n-4

VE=14n-4=14(9) -4=122

M-49: F= $Ru_6 (B)(CO)_{16} (AuL)_3$

n=9

VF=122

$K^*=D\ C^{zy}$

z+y=n=9

2z+2=VF-12n=122-12(9) =14

2z=12

z=6

y=n-z=9-6=3

$K^*=D\ C^{63}$

K=2z-1+3y=2(6)-1+3(3) =20

K(n)=20(9)

K=n+t=9+11

VE=14z+2+12y=14(6) +2+12(3) =122

VE=18n-2K=18(9)-2(20) =122

K=2n+2

S=4n-4

VE=14n-4=14(9) -4=122

M-50: F= $Co_6 (C)(CO)_{12} (AuL)_4$

$n=10$

$VF=134$

$K^*=D\ C^{zy}$

$z+y=n=10$

$2z+2=VF-12n=134-12(10)=14$

$2z=12$

$z=6$

$y=n-z=10-6=4$

$K^*=D\ C^{64}$

$K=2z-1+3y=2(6)-1+3(4)=23$

$K(n)=23(10)$

$K=n+t=10+13$

$VE=14z+2+12y=14(6)+2+12(4)=134$

$VE=18n-2K=18(10)-2(23)=134$

$K=2n+3$

$S=4n-6$

$VE=14n-6=14(10)-6=134$

M-51: $F = Pd_{35}(CO)L_{2315}$

$n = 35$

$VF = 426$

$K^* = D\ C^{zy}$

$z + y = n = 35$

$2z + 2 = VF - 12n = 426 - 12(35) = 6$

$2z = 4$

$z = 2$

$y = n - z = 35 - 2 = 33$

$K^* = D\ C^{233}$

$K = 2z - 1 + 3y = 2(2) - 1 + 3(33) = 102$

$K(n) = 102(35)$

$K = n + t = 35 + 67$

$VE = 14z + 2 + 12y = 14(2) + 2 + 12(33) = 426$

$VE = 18n - 2K = 18(35) - 2(102) = 426$

$K = 2n + 32$

$S = 4n - 64$

$VE = 14n - 64 = 14(35) - 64 = 426$

M-52: $F = Pd_{30}(CO)L_{2610}$

$n=30$

$VF=372$

$K^*=D\ C^{zy}$

$z+y=n=30$

$2z+2=VF-12n=372-12(30)=12$

$2z=10$

$z=5$

$y=n-z=30-5=25$

$K^*=D\ C^{525}$

$K=2z-1+3y=2(5)-1+3(25)=84$

$K(n)=84(30)$

$K=n+t=30+54$

$VE=14z+2+12y=14(5)+2+12(25)=372$

$VE=18n-2K=18(30)-2(84)=372$

$K=2n+24$

$S=4n-48$

$VE=14n-48=14(30)-48=372$

M-53: $F = Pd_{59}(CO)L_{3221}$

$n = 59$

$VF = 696$

$K^* = D\ C^{zy}$

$z + y = n = 59$

$2z + 2 = VF - 12n = 696 - 12(59) = -12$

$2z = -14$

$z = -7$

$y = n - z = 59 - (-7) = 66$

$K^* = D\ C^{-766}$

$K = 2z - 1 + 3y = 2(-7) - 1 + 3(66) = 183$

$K(n) = 183(59)$

$K = n + t = 59 + 124$

$VE = 14z + 2 + 12y = 14(-7) + 2 + 12(66) = 696$

$VE = 18n - 2K = 18(59) - 2(183) = 696$

$K = 2n + 65$

$S = 4n - 130$

$VE = 14n - 130 = 14(59) - 130 = 696$

M-54: $F = Ir_{12} (CO)_{24}^{2-}$

$n=12$

$VF=158$

$K^* = D\ C^{zy}$

$z+y=n=12$

$2z+2=VF-12n=158-12(12)=14$

$2z=12$

$z=6$

$y=n-z=12-6=6$

$K^*=D\ C^{66}$

$K=2z-1+3y=2(6)-1+3(6)=29$

$K(n)=29(12)$

$K=n+t=12+17$

$VE=14z+2+12y=14(6)+2+12(6)=158$

$VE=18n-2K=18(12)-2(29)=158$

$K=2n+5$

$S=4n-10$

$VE=14n-10=14(12)-10=158$

<u>CACHOS DOURADOS</u>

E-1: F= Au L X_{1173}
n=11
VF=138
K^*=D C^{zy}
z+y=n=11
2z+2=VF-12n=138-12(11) =6
2z=4
z=2
y=n-z=11-2=9
K^*=D C^{29}
K=2z-1+3y=2(2)-1+3(9) =30
K(n)=30(11)
K=n+t=11+19
VE=14z+2+12y=14(2) +2+12(9) =138
VE=18n-2K=18(11)-2(30) =138
K=2n+8
S=4n-16
VE=14n-16=14(11) -16=138

E-2: F= Au L_{106} $Cl_3{}^{+1}$

n=10

VF=124

K*=D C^{zy}

z+y=n=10

2z+2=VF-12n=124-12(10) =4

2z=2

z=1

y=n-z=10-1=9

K*=D C^{19}

K=2z-1+3y=2(1)-1+3(9) =28

K(n)=28(10)

K=n+t=10+18

VE=14z+2+12y=14(1) +2+12(9) =124

VE=18n-2K=18(10)-2(28) =124

K=2n+8

S=4n-16

VE=14n-16=14(10) -16=124

E-3: F= Au L$_{2010}$ Cl$_4$$^{2+}$

n=20

VF=242

K*=D C^{zy}

z+y=n=20

2z+2=VF-12n=242-12(20) =2

2z=0

z=0

y=n-z=20-0=20

K*=D C^{020}

K=2z-1+3y=2(0)-1+3(20) =59

K(n)=59(20)

K=n+t=20+39

VE=14z+2+12y=14(0) +2+12(20) =242

VE=18n-2K=18(20)-2(59) =242

K=2n+19

S=4n-38

VE=14n-38=14(20) -38=242

E-4: F= Au L$_{2212}$
n=22
VF=266
K*=D C^{zy}
z+y=n=22
2z+2=VF-12n=266-12(22) =2
2z=0
z=0
y=n-z=22-0=22
K*=D C^{022}
K=2z-1+3y=2(0)-1+3(22) =65
K(n)=65(22)
K=n+t=22+43
VE=14z+2+12y=14(0) +2+12(22) =266
VE=18n-2K=18(22)-2(65) =266
K=2n+21
S=4n-42
VE=14n-42=14(22) -42=266

E-5: F= Au L_{88}^{2+}

$n=8$

$VF=102$

$K^*=D\ C^{zy}$

$z+y=n=8$

$2z+2=VF-12n=102-12(8)=6$

$2z=4$

$z=2$

$y=n-z=8-2=6$

$K^*=D\ C^{26}$

$K=2z-1+3y=2(2)-1+3(6)=21$

$K(n)=21(8)$

$K=n+t=8+13$

$VE=14z+2+12y=14(2)+2+12(6)=102$

$VE=18n-2K=18(8)-2(21)=102$

$K=2n+5$

$S=4n-10$

$VE=14n-10=14(8)-10=102$

E-6: F= Au $L_{87}{}^{2+}$

n=8

VF=100

K*=D C^{zy}

z+y=n=8

2z+2=VF-12n=100-12(8) =4

2z=2

z=1

y=n-z=8-1=7

K*=D C^{17}

K=2z-1+3y=2(1)-1+3(7) =22

K(n)=22(8)

K=n+t=8+14

VE=14z+2+12y=14(1) +2+12(7) =100

VE=18n-2K=18(8)-2(22) =100

K=2n+6

S=4n-12

VE=14n-12=14(8) -12=100

E-7: F= Au L$_{66}^{2+}$

n=6

VF=76

K*=D C^{zy}

z+y=n=6

2z+2=VF-12n=76-12(6) =4

2z=2

z=1

y=n-z=6-1=5

K*=D C^{15}

K=2z-1+3y=2(1)-1+3(5) =16

K(n)=16(6)

K=n+t=6+10

VE=14z+2+12y=14(1) +2+12(5) =76

VE=18n-2K=18(6)-2(16) =76

K=2n+4

S=4n-8

VE=14n-8=14(6) -8=76

E-8: F= Au L_{1310} Cl_2^{3+}

n=13

VF=162

K^*=D C^{zy}

z+y=n=13

2z+2=VF-12n=162-12(13) =6

2z=4

z=2

y=n-z=13-2=11

K^*=D C^{211}

K=2z-1+3y=2(2)-1+3(11) =36

K(n)=36(13)

K=n+t=13+23

VE=14z+2+12y=14(2) +2+12(11) =162

VE=18n-2K=18(13)-2(36) =162

K=2n+10

S=4n-20

VE=14n-20=14(13) -20=162

E-9: $F = Au\ L\ R_{25105}^{2+}$

$n=25$

$VF=298$

$K^* = D\ C^{zy}$

$z+y=n=25$

$2z+2=VF-12n=298-12(25)=-2$

$2z=-4$

$z=-2$

$y=n-z=25-(-2)=27$

$K^*=D\ C^{-227}$

$K=2z-1+3y=2(-2)-1+3(27)=76$

$K(n)=76(25)$

$K=n+t=25+51$

$VE=14z+2+12y=14(-2)+2+12(27)=298$

$VE=18n-2K=18(25)-2(76)=298$

$K=2n+26$

$S=4n-52$

$VE=14n-52=14(25)-52=298$

E-10: F= PdAu L$_{88}{}^{2+}$

$n=9$

$VF=112$

$K^*=D\ C^{zy}$

$z+y=n=9$

$2z+2=VF-12n=112-12(9)=4$

$2z=2$

$z=1$

$y=n-z=9-1=8$

$K^*=D\ C^{18}$

$K=2z-1+3y=2(1)-1+3(8)=25$

$K(n)=25(9)$

$K=n+t=9+16$

$VE=14z+2+12y=14(1)+2+12(8)=112$

$VE=18n-2K=18(9)-2(25)=112$

$K=2n+7$

$S=4n-14$

$VE=14n-14=14(9)-14=112$

E-11: F= PtAu L$_{1210}$ Cl$_2^{2+}$

$n=13$

$VF=162$

$K^*=D\ C^{zy}$

$z+y=n=13$

$2z+2=VF-12n=162-12(13)\ =6$

$2z=4$

$z=2$

$y=n-z=13-2=11$

$K^*=D\ C^{211}$

$K=2z-1+3y=2(2)-1+3(11)\ =36$

$K(n)=36(13)$

$K=n+t=13+23$

$VE=14z+2+12y=14(2)\ +2+12(11)\ =162$

$VE=18n-2K=18(13)-2(36)\ =162$

$K=2n+10$

$S=4n-20$

$VE=14n-20=14(13)\ -20=162$

E-12: F= Au L$_{2214}$

n=22

VF=270

K*=D C^{zy}

z+y=n=22

2z+2=VF-12n=270-12(22) =6

2z=4

z=2

y=n-z=22-2=20

K*=D C^{220}

K=2z-1+3y=2(2)-1+3(20) =63

K(n)=63(22)

K=n+t=22+41

VE=14z+2+12y=14(2) +2+12(20) =270

VE=18n-2K=18(22)-2(63) =270

K=2n+19

S=4n-38

VE=14n-38=14(22) -38=270

E-13: $F= Pd_2 Au L_{2310}^{7+}$

$n=25$

$VF=286$

$K^*=D\ C^{zy}$

$z+y=n=25$

$2z+2=VF-12n=286-12(25)=-14$

$2z=-16$

$z=-8$

$y=n-z=25-(-8)=33$

$K^*=D\ C^{-833}$

$K=2z-1+3y=2(-8)-1+3(33)=82$

$K(n)=82(25)$

$K=n+t=25+57$

$VE=14z+2+12y=14(2)+2+12(20)=270$

$VE=18n-2K=18(22)-2(63)=270$

$K=2n+19$

$S=4n-38$

$VE=14n-38=14(22)-38=270$

E-14: F= Au L$_{5418}$$^{12+}$

n=54

VF=618

K*=D C^{zy}

z+y=n=54

2z+2=VF-12n=618-12(54) =-30

2z=-32

z=-16

y=n-z=54-(-16) =70

K*=D C^{-1670}

K=2z-1+3y=2(-16)-1+3(70) =177

K(n)=177(54)

K=n+t=54+123

VE=14z+2+12y=14(-16) +2+12(70) =618

VE=18n-2K=18(54)-2(177) =618

K=2n+69

S=4n-138

VE=14n-138=14(54) -138=618

E-15: F= Au L_{10121}^{5+}

n=101

VF=1148

K^*=D C^{zy}

z+y=n=101

2z+2=VF-12n=1148-12(101) =-64

2z=-66

z=-33

y=n-z=101-(-33) =134

K^*=D C^{-33134}

K=2z-1+3y=2(-33)-1+3(134) =335

K(n)=335(101)

K=n+t=101+234

VE=14z+2+12y=14(-33) +2+12(134) =1148

VE=18n-2K=18(101)-2(335) =1148

K=2n+133

S=4n-266

VE=14n-266=14(101) -266=1148

E-16: $F = Pd_{28} Au_2 (CO) L_{2610}$

$n=30$

$VF=374$

$K^*=D\ C^{zy}$

$z+y=n=30$

$2z+2=VF-12n=374-12(30)=14$

$2z=12$

$z=6$

$y=n-z=30-6=24$

$K^*=D\ C^{624}$

$K=2z-1+3y=2(6)-1+3(24)=83$

$K(n)=83(30)$

$K=n+t=30+53$

$VE=14z+2+12y=14(6)+2+12(24)=374$

$VE=18n-2K=18(30)-2(83)=374$

$K=2n+23$

$S=4n-46$

$VE=14n-46=14(30)-46=374$

AGLOMERADOS SIMPLES

S-1: F=CO

n=2

VF=10

$K^*=D\ C^{zy}$

z+y=n=2

2z+2=VF-2n=10-2(2) =6

2z=4

z=2

y=n-z=2-2=0

$K^*=D\ C^{20}$

VE=4z+2+2y=4(2) +2+2(0) =10

K=2z-1+3y=2(2)-1+3(0) =3

VE=8n-2K=8(2)-2(3) =10

K=2n-1

S=4n+2

VE=4n+2=4(2) +2=10

VP=VE/2=10/2=5(pares de electrões de valência).

LP=VP-K=5-3=2(LP=pares de electrões solitários).

Para que cada elemento obedeça à regra dos 8 electrões, os dois elementos partilham igualmente os dois pares de electrões.

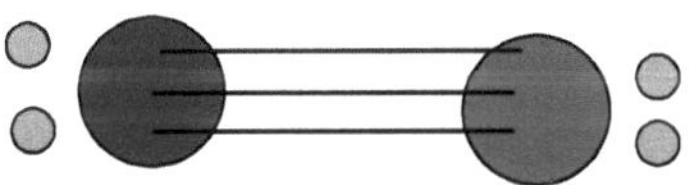

Figura 68.

S-2: F=CO

n=2

VF=10

$K^*=D\ C^{zy}$

z+y=n=2

2z+2=VF-2n=10-2(2) =6

2z=4

z=2

y=n-z=2-2=0

$K^*=D\ C^{20}$

VE=4z+2+2y=4(2) +2+2(0) =10

K=2z-1+3y=2(2)-1+3(0) =3

VE=8n-2K=8(2)-2(3) =10

K=2n-1

S=4n+2

VE=4n+2=4(2) +2=10

VP=VE/2=10/2=5(pares de electrões de valência).

LP=VP-K=5-3=2(LP=pares de electrões solitários).

Para que cada elemento obedeça à regra dos 8 electrões, os dois elementos partilham igualmente os dois pares de electrões.

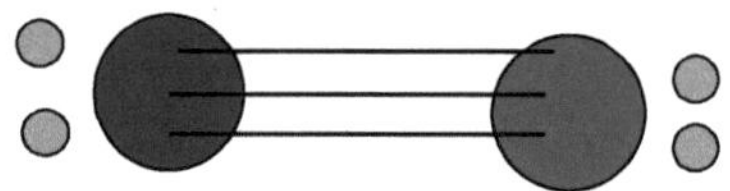

Figura 69.

S-3: F=CN^{-1}

n=2

VF=10

K*=D C^{zy}

z+y=n=2

2z+2=VF-2n=10-2(2) =6

2z=4

z=2

y=n-z=2-2=0

K*=D C^{20}

VE=4z+2+2y=4(2) +2+2(0) =10

K=2z-1+3y=2(2)-1+3(0) =3

VE=8n-2K=8(2)-2(3) =10

K=2n-1

S=4n+2

VE=4n+2=4(2) +2=10

VP=VE/2=10/2=5(pares de electrões de valência).

LP=VP-K=5-3=2(LP=pares de electrões solitários).

Para que cada elemento obedeça à regra dos 8 electrões, os dois elementos partilham igualmente os dois pares de electrões.

C: k=2, V=2k=4

N: k=1,5, V=2k=3

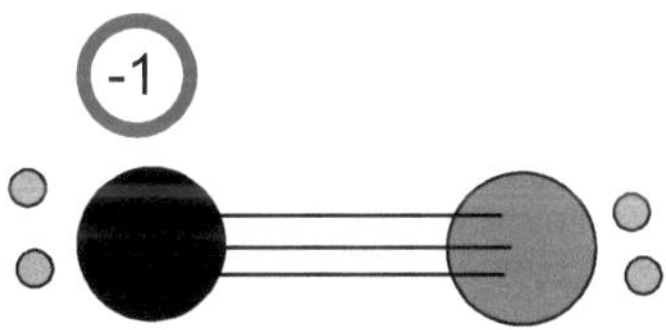

Figura 70.

(-1) = falta de uma ligação em relação à prevista 4.

S-4: $F=NO^{+1}$

$n=2$

$VF=10$

$K^*=D\ C^{zy}$

$z+y=n=2$

$2z+2=VF-2n=10-2(2)=6$

$2z=4$

$z=2$

$y=n-z=2-2=0$

$K^*=D\ C^{20}$

$VE=4z+2+2y=4(2)+2+2(0)=10$

$K=2z-1+3y=2(2)-1+3(0)=3$

$VE=8n-2K=8(2)-2(3)=10$

$K=2n-1$

$S=4n+2$

$VE=4n+2=4(2)+2=10$

$VP=VE/2=10/2=5$(pares de electrões de valência).

$LP=VP-K=5-3=2$(LP=pares de electrões solitários).

Para que cada elemento obedeça à regra dos 8 electrões, os dois elementos partilham igualmente os dois pares de electrões.

N: $k=1,5$, $V=2k=3$

O: $k=1$, $V=2k=2$

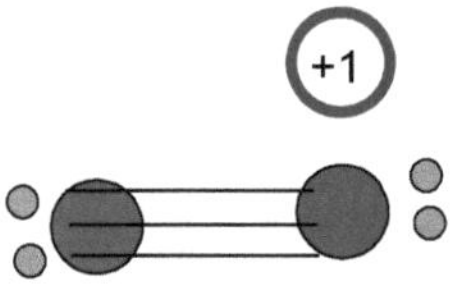

Figura 71.

(+1) = um excesso de uma ligação da valência esquelética.

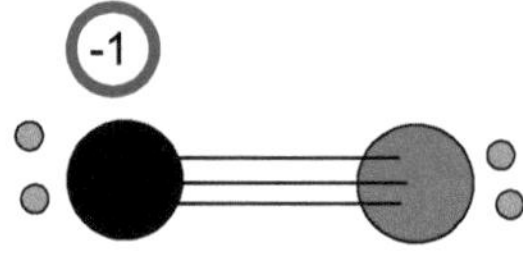

Figura 72.

S-5: $F=NO^{-1}$

$n=2$

$VF=12$

$K^*=D\ C^{zy}$

$z+y=n=2$

$2z+2=VF-2n=12-2(2)=8$

$2z=6$

$z=3$

$y=n-z=2-3=-1$

$K^*=D\ C^{3-1}$

$VE=4z+2+2y=4(3)+2+2(-1)=12$

$K=2z-1+3y=2(3)-1+3(-1)=2$

$VE=8n-2K=8(2)-2(2)=12$

$K=2n-2$

$S=4n+4$

$VE=4n+4=4(2)+4=12$

$VP=VE/2=12/2=6$(pares de electrões de valência).

$LP=VP-K=6-2=4$(LP=pares de electrões solitários).

Para que cada elemento obedeça à regra dos 8 electrões, os dois elementos partilham igualmente os dois pares de electrões.

N: $k=1,5$, $V=2k=3$

O: $k=1$, $V=2k=2$

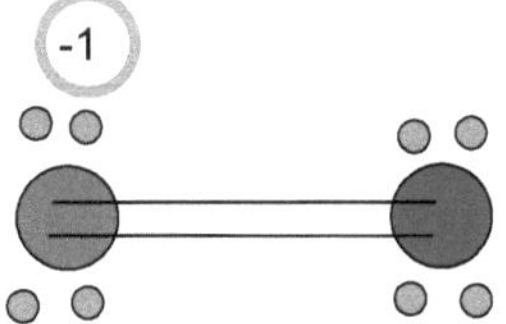

Figura 73.

(-1)= falta de uma ligação da valência esquelética. O elemento oxigénio não tem nem falta nem excesso. Tem o que se espera da valência esquelética.

S-6: $F=O_2$

n=2

VF=12

$K^*=D\ C^{zy}$

z+y=n=2

2z+2=VF-2n=12-2(2) =8

2z=6

z=3

y=n-z=2-3=-1

$K^*=D\ C^{3-1}$

VE=4z+2+2y=4(3) +2+2(-1) =12

K=2z-1+3y=2(3)-1+3(-1) =2

VE=8n-2K=8(2)-2(2) =12

K=2n-2

S=4n+4

VE=4n+4=4(2) +4=12

VP=VE/2=12/2=6(pares de electrões de valência).

LP=VP-K=6-2=4(LP=pares de electrões solitários).

Para que cada elemento obedeça à regra dos 8 electrões, os dois elementos partilham igualmente os 4 pares de electrões.

O: k=1, V=2k=2

Assim, cada elemento exibe uma valência esquelética de 2, conforme exigido pela lei natural.

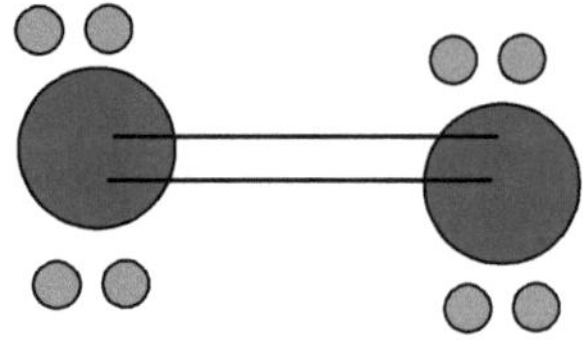

Figura 74.

S-7: $F=NCO^{-1}$

$n=3$

$VF=16$

$K^*=D\ C^{zy}$

$z+y=n=3$

$2z+2=VF-2n=16-2(3)=10$

$2z=8$

$z=4$

$y=n-z=3-4=-1$

$K^*=D\ C^{4-1}$

$VE=4z+2+2y=4(4)+2+2(-1)=16$

$K=2z-1+3y=2(4)-1+3(-1)=4$

$VE=8n-2K=8(3)-2(4)=16$

$K=2n-2$

$S=4n+4$

$VE=4n+4=4(3)+4=16$

$VP=VE/2=16/2=8$(pares de electrões de valência).

$LP=VP-K=8-4=4$(LP=pares de electrões solitários).

Para que cada elemento obedeça à regra dos 8 electrões, os pares de electrões são distribuídos em conformidade.

N: k=1,5, V=3

C: k=2, V=4

O: k=1, V=2

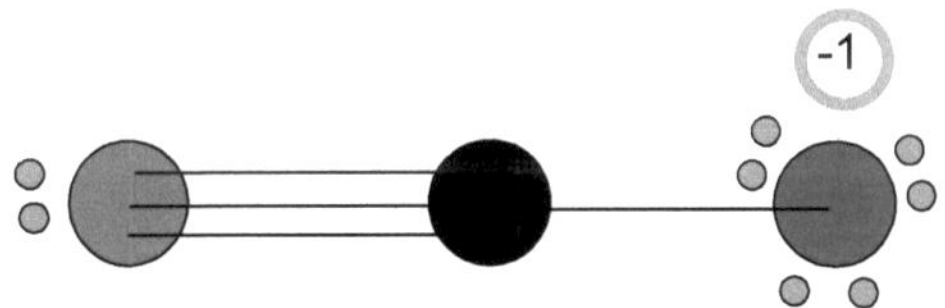

Figura 75.

S-8: $F=NO_2^{-1}$

$n=3$

$VF=18$

$K^*=D\ C^{zy}$

$z+y=n=3$

$2z+2=VF-2n=18-2(3)=12$

$2z=10$

$z=5$

$y=n-z=3-5=-2$

$K^*=D\ C^{5-2}$

$VE=4z+2+2y=4(5)+2+2(-2)=18$

$K=2z-1+3y=2(5)-1+3(-2)=3$

$VE=8n-2K=8(3)-2(3)=18$

$K=2n-3$

$S=4n+6$

$VE=4n+6=4(3)+6=18$

$VP=VE/2=18/2=9$(pares de electrões de valência).

$LP=VP-K=9-3=6$(LP=pares de electrões solitários).

Para que cada elemento obedeça à regra dos 8 electrões, os pares de electrões são distribuídos em conformidade.

N: k=1,5, V=3

O: k=1, V=2

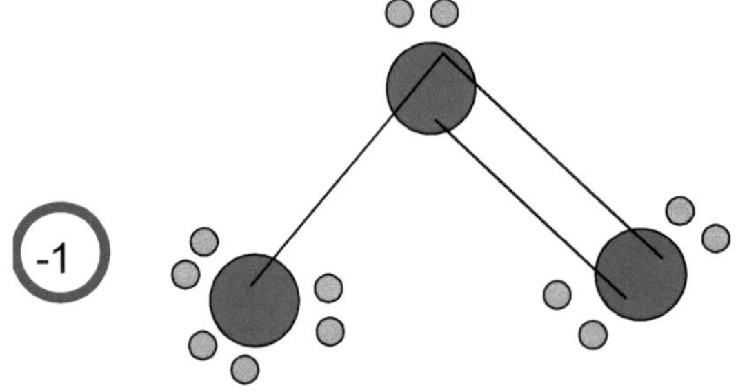

Figura 76.

S-9: $F=NO_3^{-1}$

$n=4$

$VF=24$

$K^*=D\ C^{zy}$

$z+y=n=4$

$2z+2=VF-2n=24-2(4)=16$

$2z=14$

$z=7$

$y=n-z=4-7=-3$

$K^*=D\ C^{7-3}$

$VE=4z+2+2y=4(7)+2+2(-3)=24$

$K=2z-1+3y=2(7)-1+3(-3)=4$

$VE=8n-2K=8(4)-2(4)=24$

$K=2n-4$

$S=4n+8$

$VE=4n+8=4(4)+8=24$

$VP=VE/2=24/2=12$(pares de electrões de valência).

$LP=VP-K=12-4=8$(LP=pares de electrões solitários).

Para que cada elemento obedeça à regra dos 8 electrões, os pares de electrões são distribuídos em conformidade.

N: $k=1,5$, $V=3$

O: $k=1$, $V=2$

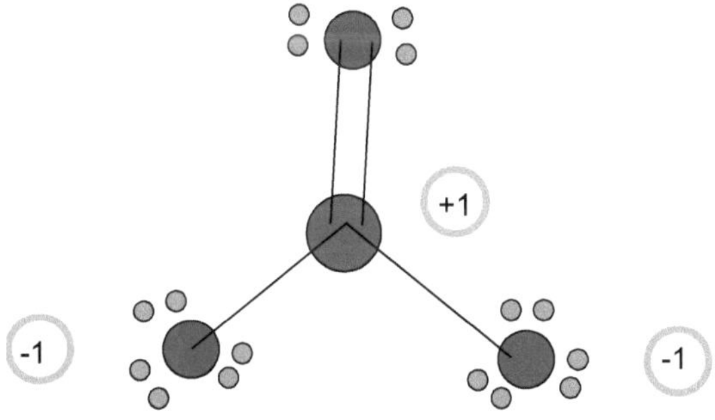

Figura 77.

S-10: $F=PO_4^{-3}$

$n=5$

$VF=32$

$K^*=D\ C^{zy}$

$z+y=n=5$

$2z+2=VF-2n=32-2(5)=22$

$2z=20$

$z=10$

$y=n-z=5-10=-5$

$K^*=D\ C^{10-5}$

$VE=4z+2+2y=4(10)+2+2(-5)=32$

$K=2z-1+3y=2(10)-1+3(-5)=4$

$VE=8n-2K=8(5)-2(4)=32$

$K=2n-6$

$S=4n+12$

$VE=4n+12=4(5)+12=32$

$VP=VE/2=32/2=16$(pares de electrões de valência).

$LP=VP-K=16-4=12$(LP=pares de electrões solitários).

Para que cada elemento obedeça à regra dos 8 electrões, os pares de electrões são distribuídos em conformidade.

P: $k=1,5$, $V=3$

O: $k=1$, $V=2$

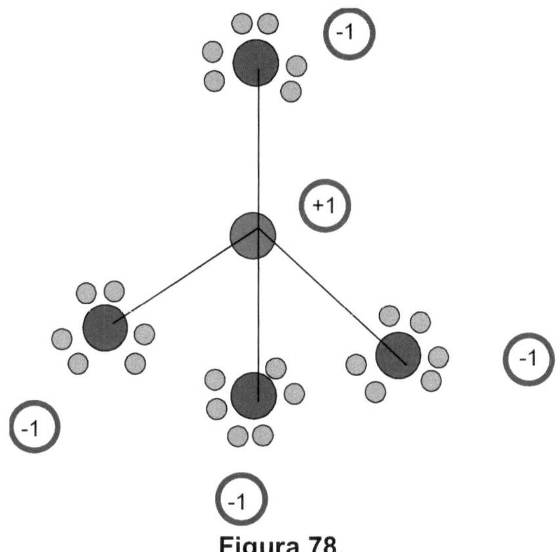

Figura 78.

S-11: $F=SO_4^{-2}$

n=5

VF=32

K^*=D C^{zy}

z+y=n=5

2z+2=VF-2n=32-2(5) =22

2z=20

z=10

y=n-z=5-10=-5

K^*=D C^{10-5}

VE=4z+2+2y=4(10) +2+2(-5) =32

K=2z-1+3y=2(10)-1+3(-5) =4

VE=8n-2K=8(5)-2(4) =32

K=2n-6

S=4n+12

VE=4n+12=4(5) +12=32

VP=VE/2=32/2=16(pares de electrões de valência).

LP=VP-K=16-4=12(LP=pares de electrões solitários).

Para que cada elemento obedeça à regra dos 8 electrões, os pares de electrões são distribuídos em conformidade.

S: k=1, V=2k=2

O: k=1, V=2k=2

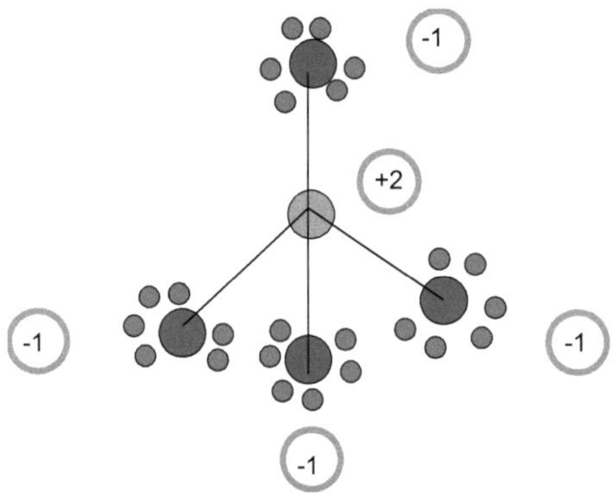

Figura 79.

O sinal (-1)= pode ser interpretado como a falta de uma ligação esquelética de acordo com a teoria dos clusters. Da mesma forma, (+1) pode ser interpretado como um excesso de uma ligação esquelética.

S-12: $F=N_3^{-1}$

$n=3$

$VF=16$

$K^*=D\ C^{zy}$

$z+y=n=3$

$2z+2=VF-2n=16-2(3)=10$

$2z=8$

$z=4$

$y=n-z=3-4=-1$

$K^*=D\ C^{4-1}$

$VE=4z+2+2y=4(4)+2+2(-1)=16$

$K=2z-1+3y=2(4)-1+3(-1)=4$

$VE=8n-2K=8(3)-2(4)=16$

$K=2n-2$

$S=4n+4$

$VE=4n+4=4(3)+4=16$

$VP=VE/2=16/2=8$(pares de electrões de valência).

$LP=VP-K=8-4=4$(LP=pares de electrões solitários).

Para que cada elemento obedeça à regra dos 8 electrões, os pares de electrões são distribuídos em conformidade.

N: k=1,5, V=3

(-1)=falta de uma ligação em relação à valência esquelética esperada e

(+1)= um excesso de uma ligação em relação à valência esquelética esperada.

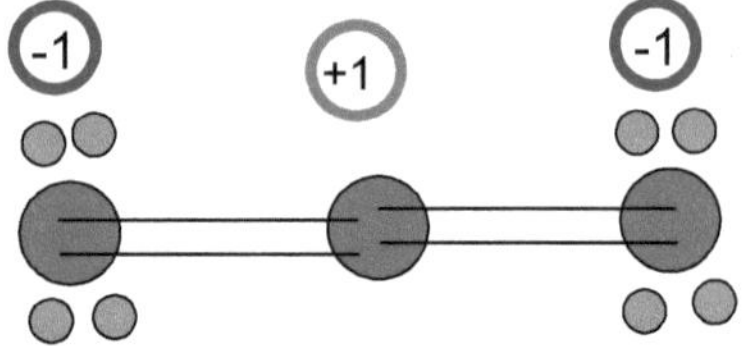

Figura 80.

S-13: $F=CO_3^{2-}$

n=4

VF=24

$K^*=D\ C^{zy}$

z+y=n=4

2z+2=VF-2n=24-2(4) =16

2z=14

z=7

y=n-z=4-7=-3

$K^*=D\ C^{7-3}$

VE=4z+2+2y=4(7) +2+2(-3) =24

K=2z-1+3y=2(7)-1+3(-3) =4

VE=8n-2K=8(4)-2(4) =24

K=2n-4

S=4n+8

VE=4n+8=4(4) +8=24

VP=VE/2=24/2=12(pares de electrões de valência).

LP=VP-K=12-4=8(LP=pares de electrões solitários).

Para que cada elemento obedeça à regra dos 8 electrões, os 4 pares de electrões são distribuídos em conformidade.

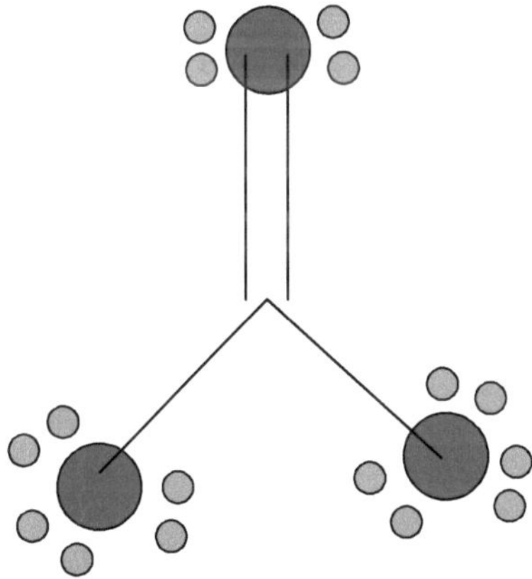

Figura 81.

S-14: $F=C\ O_{24}^{2-}$

n=6

VF=34

$K^*=D\ C^{zy}$

z+y=n=6

2z+2=VF-2n=34-2(6) =22

2z=20

z=10

y=n-z=6-10=-4

$K^*=D\ C^{10-4}$

VE=4z+2+2y=4(10) +2+2(-4) =34

K=2z-1+3y=2(10)-1+3(-4) =7

VE=8n-2K=8(6)-2(7) =34

K=2n-5

S=4n+10

VE=4n+10=4(6) +10=34

VP=VE/2=34/2=17(pares de electrões de valência).

LP=VP-K=17-7=10(LP=pares de electrões solitários).

Para que cada elemento obedeça à regra dos 8 electrões, os dez pares de electrões serão distribuídos em conformidade.

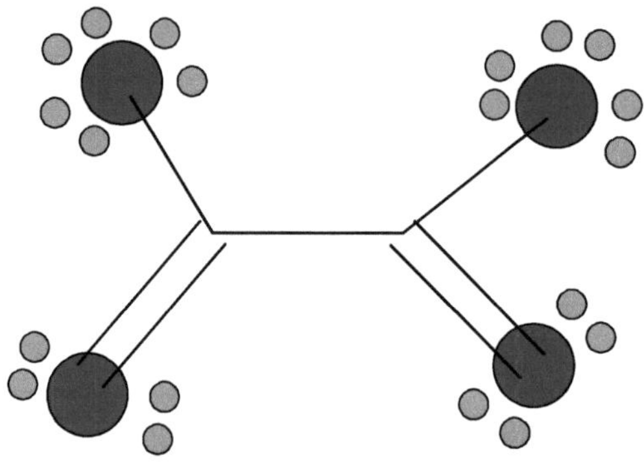

Figura 82.

S-15: $F = Si\ O_{39}^{6-}$

n=12

VF=72

$K^* = D\ C^{zy}$

z+y=n=12

2z+2=VF-2n=72-2(12) =48

2z=46

z=23

y=n-z=12-23=-11

$K^* = D\ C^{23-11}$

VE=4z+2+2y=4(23) +2+2(-11) =72

K=2z-1+3y=2(23)-1+3(-11) =12

K(n)=12(12)

K=n+t=12+0=6+6+0

VE=8n-2K=8(12)-2(12) =72

K=2n-12

S=4n+24

VE=4n+24=4(12) +24=72

VP=VE/2=72/2=36(pares de electrões de valência).

LP=VP-K=36-12=24(LP=pares de electrões solitários).

Para que cada elemento obedeça à regra dos 8 electrões, os pares de electrões serão distribuídos em conformidade.

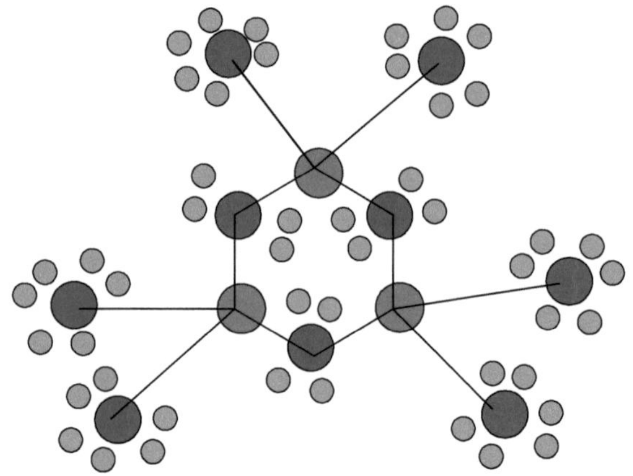

Figura 83.

<u>**ALGUNS IÕES ZINTL E PARES DE ELECTRÕES SOLITÁRIOS**</u>

S-16: $F=Pb_9^{4-}$
$n=9$
$VF=40$
$K^*=D\ C^{zy}$
$z+y=n=9$
$2z+2=VF-2n=40-2(9)=22$
$2z=20$
$z=10$
$y=n-z=9-10=-1$
$K^*=D\ C^{10-1}$
$VE=4z+2+2y=4(10)+2+2(-1)=40$
$K=2z-1+3y=2(10)-1+3(-1)=16$
$K(n)=16(9)$
$K=n+t=9+7$
Pb: $k=2$, $V=2k=4$

$VE=8n-2K=8(9)-2(16)=40$
$K=2n-2$
$S=4n+4$
$VE=4n+4=4(9)+4=40$
$VP=VE/2=40/2=20$(pares de electrões de valência).
$LP=VP-K=20-16=4$($LP=$pares de electrões solitários).
Para que cada elemento obedeça à regra dos 8 electrões, os pares de electrões serão distribuídos em conformidade.

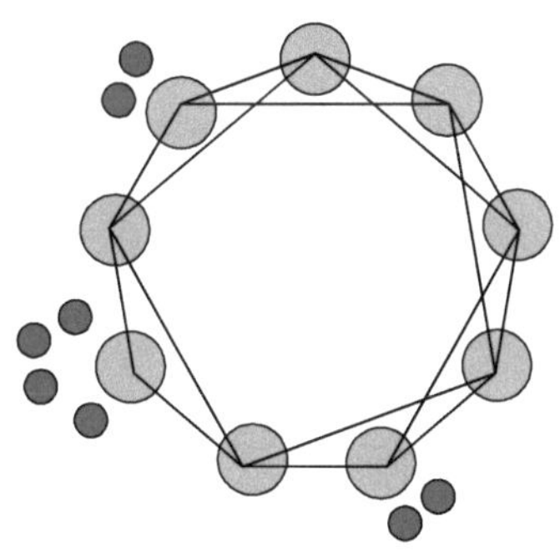

Figura 84.

S-17: $F = In_{11}{}^{9-}$

$n = 11$

$VF = 42$

$K^* = D\ C^{zy}$

$z + y = n = 11$

$2z + 2 = VF - 2n = 42 - 2(11) = 20$

$2z = 18$

$z = 9$

$y = n - z = 11 - 9 = 2$

$K^* = D\ C^{92}$

$VE = 4z + 2 + 2y = 4(9) + 2 + 2(2) = 42$

$K = 2z - 1 + 3y = 2(9) - 1 + 3(2) = 23$

$K(n) = 23(11)$

$K = n + t = 11 + 12$

Em: $k = 2,5,\ V = 2k = 5$

$VE = 8n - 2K = 8(11) - 2(23) = 42$

$K = 2n + 1$

$S = 4n - 2$

$VE = 4n - 2 = 4(11) - 2 = 42$

$VP = VE/2 = 42/2 = 21$(pares de electrões de valência).

$LP = VP - K = 21 - 23 = -2$($LP$=pares de electrões solitários).

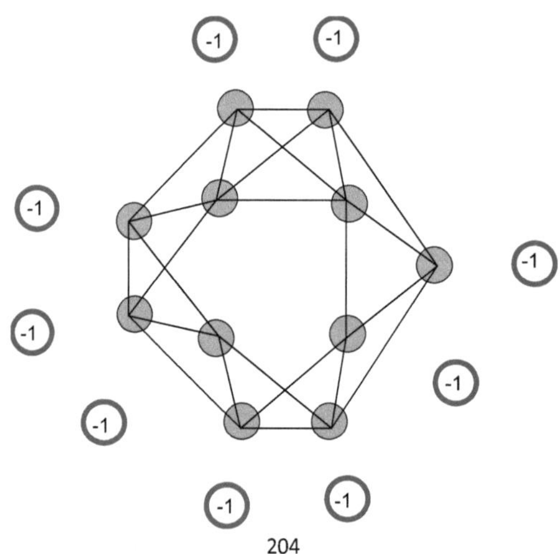

204

Figura 85.

S-18: $F=In_{11}{}^{7-}$

$n=11$

$VF=40$

$K^*=D\ C^{zy}$

$z+y=n=11$

$2z+2=VF-2n=40-2(11)=18$

$2z=16$

$z=8$

$y=n-z=11-8=3$

$K^*=D\ C^{83}$

$VE=4z+2+2y=4(8)+2+2(3)=40$

$K=2z-1+3y=2(8)-1+3(3)=24$

$K(n)=24(11)$

$K=n+t=11+13$

Em: $k=2,5$, $V=2k=5$

$VE=8n-2K=8(11)-2(24)=40$

$K=2n+2$

$S=4n-4$

$VE=4n-4=4(11)-4=40$

$VP=VE/2=40/2=20$(pares de electrões de valência).

$LP=VP-K=20-24=-4$(LP=pares de electrões solitários).

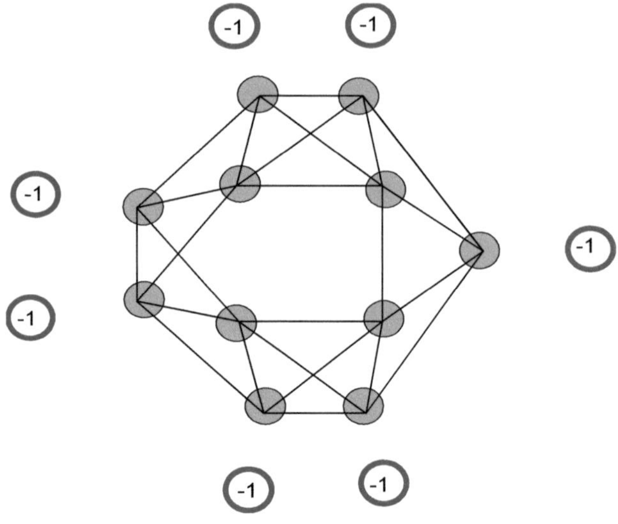

Figura 86.

S-19: $F=TI_6^{6-}$

$n=6$

$VF=24$

$K^*=D\ C^{zy}$

$z+y=n=6$

$2z+2=VF-2n=24-2(6)=12$

$2z=10$

$z=5$

$y=n-z=6-5=1$

$K^*=D\ C^{51}$

$VE=4z+2+2y=4(5)+2+2(1)=24$

$K=2z-1+3y=2(5)-1+3(1)=12$

$K(n)=12(6)$

$K=n+t=6+6$

$TI: k=2,5,\ V=2k=5$

$VE=8n-2K=8(6)-2(12)=24$

$K=2n-0$

$S=4n+0$

$VE=4n+0=4(6)+0=24$

$VP=VE/2=24/2=12$(pares de electrões de valência).

$LP=VP-K=12-12=0$(LP=pares de electrões solitários).

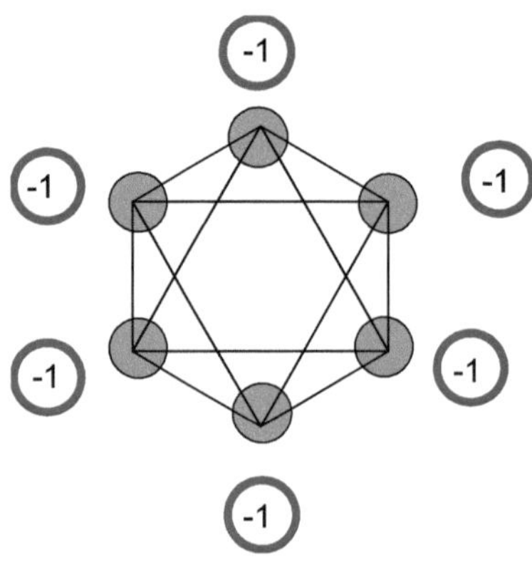

Figura 87.

S-20: $F = TI_7{}^{7-}$

$n = 7$

$VF = 28$

$K^* = D\ C^{zy}$

$z + y = n = 7$

$2z + 2 = VF - 2n = 28 - 2(7) = 14$

$2z = 12$

$z = 6$

$y = n - z = 7 - 6 = 1$

$K^* = D\ C^{61}$

$VE = 4z + 2 + 2y = 4(6) + 2 + 2(1) = 28$

$K = 2z - 1 + 3y = 2(6) - 1 + 3(1) = 14$

$K(n) = 14(7)$

$K = n + t = 7 + 7$

TI: $k = 2,5$, $V = 2k = 5$

$VE = 8n - 2K = 8(7) - 2(14) = 28$

$K = 2n - 0$

$S = 4n + 0$

$VE = 4n + 0 = 4(7) + 0 = 28$

$VP = VE/2 = 28/2 = 14$(pares de electrões de valência).

$LP = VP - K = 14 - 14 = 0$(LP = pares de electrões solitários).

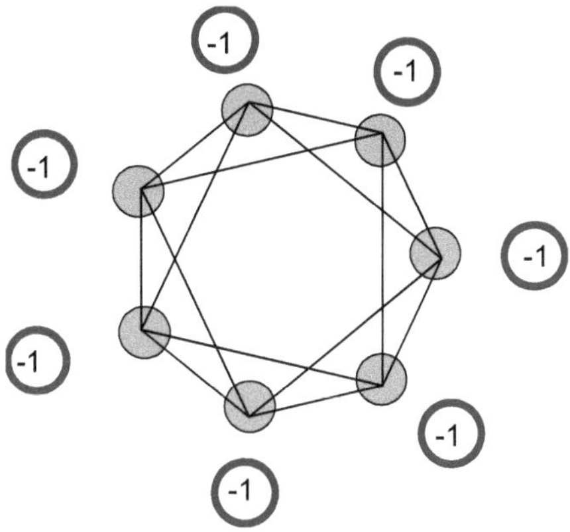

Figura 88.

S-21: $F=InBi_3^{2-}$

n=4

VF=20

$K^*=D\ C^{zy}$

z+y=n=4

2z+2=VF-2n=20-2(4) =12

2z=10

z=5

y=n-z=4-5=-1

$K^*=D\ C^{5-1}$

VE=4z+2+2y=4(5) +2+2(-1) =20

K=2z-1+3y=2(5)-1+3(-1) =6

K(n)=6(4)

K=n+t=4+2

Em: k=2,5, V=2k=5

Bi: k=1,5, V=2k=3

VE=8n-2K=8(4)-2(6) =20

K=2n-2

S=4n+4

VE=4n+4=4(4) +4=20

VP=VE/2=20/2=10(pares de electrões de valência).

LP=VP-K=10-6=4(LP=pares de electrões solitários).

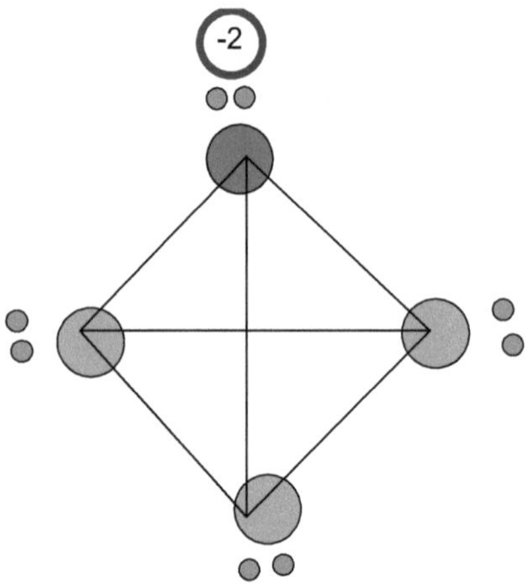

Figura 89.

S-22: $F = Sn\ Sb_{22}{}^{2-}$

n=4

VF=20

$K^* = D\ C^{zy}$

z+y=n=4

2z+2=VF-2n=20-2(4) =12

2z=10

z=5

y=n-z=4-5=-1

$K^* = D\ C^{5-1}$

VE=4z+2+2y=4(5) +2+2(-1) =20

K=2z-1+3y=2(5)-1+3(-1) =6

K(n)=6(4)

K=n+t=4+2

Sn: k=2, V=2k=4

Sb: k=1,5, V=2k=3

VE=8n-2K=8(4)-2(6) =20

K=2n-2

S=4n+4

VE=4n+4=4(4) +4=20

VP=VE/2=20/2=10(pares de electrões de valência).

LP=VP-K=10-6=4(LP=pares de electrões solitários).

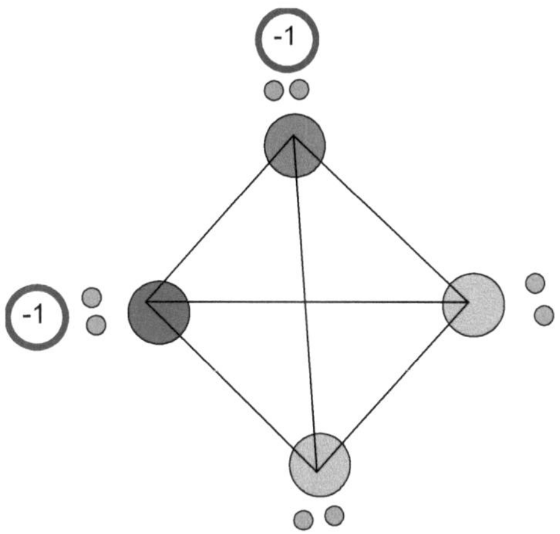

Figura 90.

S-23: $F = Sn\ Sb_{22}{}^{2-}$

$n=4$

$VF=20$

$K^*=D\ C^{zy}$

$z+y=n=4$

$2z+2=VF-2n=20-2(4)=12$

$2z=10$

$z=5$

$y=n-z=4-5=-1$

$K^*=D\ C^{5-1}$

$VE=4z+2+2y=4(5)+2+2(-1)=20$

$K=2z-1+3y=2(5)-1+3(-1)=6$

$K(n)=6(4)$

$K=n+t=4+2$

Sn: $k=2,\ V=2k=4$

Sb: $k=1,5,\ V=2k=3$

$VE=8n-2K=8(4)-2(6)=20$

$K=2n-2$

$S=4n+4$

$VE=4n+4=4(4)+4=20$

$VP=VE/2=20/2=10$(pares de electrões de valência).

$LP=VP-K=10-6=4$(LP=pares de electrões solitários).

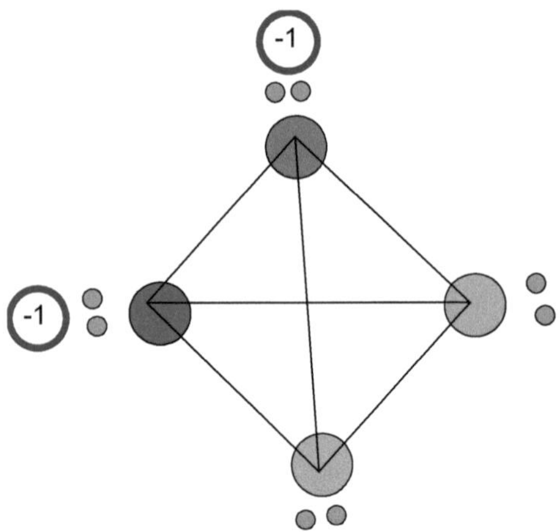

Figura 91.

S-24: $F = Ge\ P_3^{3-}$

$n=4$

$VF=20$

$K^* = D\ C^{zy}$

$z+y=n=4$

$2z+2=VF-2n=20-2(4)=12$

$2z=10$

$z=5$

$y=n-z=4-5=-1$

$K^* = D\ C^{5-1}$

$VE=4z+2+2y=4(5)+2+2(-1)=20$

$K=2z-1+3y=2(5)-1+3(-1)=6$

$K(n)=6(4)$

$K=n+t=4+2$

Ge: $k=2$, $V=2k=4$

P: $k=1,5$, $V=2k=3$

$VE=8n-2K=8(4)-2(6)=20$

$K=2n-2$

$S=4n+4$

$VE=4n+4=4(4)+4=20$

$VP=VE/2=20/2=10$(pares de electrões de valência).

$LP=VP-K=10-6=4$(LP=pares de electrões solitários).

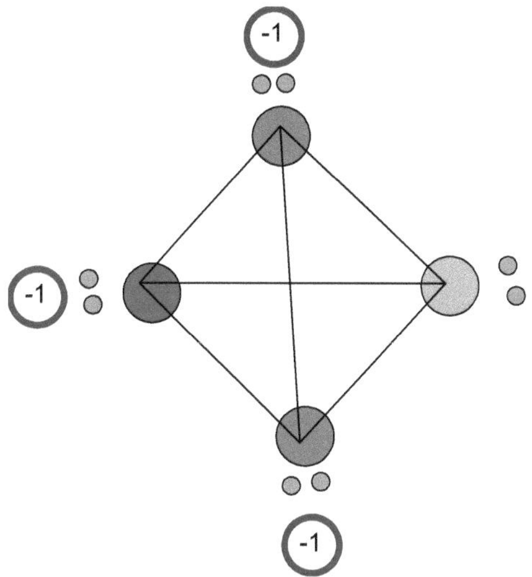

Figura 92.

S-25: F=Ge P$_3^{3-}$

n=4

VF=20

K*=D C^{zy}

z+y=n=4

2z+2=VF-2n=20-2(4) =12

2z=10

z=5

y=n-z=4-5=-1

K*=D C$^{5-1}$

VE=4z+2+2y=4(5) +2+2(-1) =20

K=2z-1+3y=2(5)-1+3(-1) =6

K(n)=6(4)

K=n+t=4+2

Ge: k=2, V=2k=4

P: k=1,5, V=2k=3

VE=8n-2K=8(4)-2(6) =20

K=2n-2

S=4n+4

VE=4n+4=4(4) +4=20

VP=VE/2=20/2=10(pares de electrões de valência).

LP=VP-K=10-6=4(LP=pares de electrões solitários).

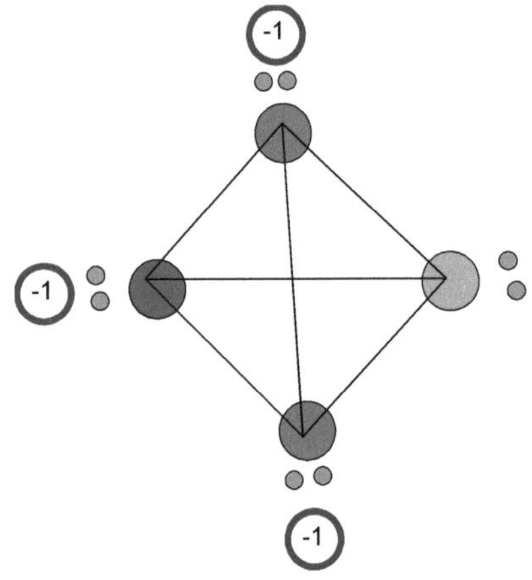

Figura 93.

S-26: $F = Tl_{13}^{11-}$

$n = 13$

$VF = 50$

$K^* = D\ C^{zy}$

$z + y = n = 13$

$2z + 2 = VF - 2n = 50 - 2(13) = 24$

$2z = 22$

$z = 11$

$y = n - z = 13 - 11 = 2$

$K^* = D\ C^{112}$

$VE = 4z + 2 + 2y = 4(11) + 2 + 2(2) = 50$

$K = 2z - 1 + 3y = 2(11) - 1 + 3(2) = 27$

$K(n) = 27(13)$

$K = n + t = 13 + 14$

$Tl: k = 2,5,\ V = 2k = 5$

$VE = 8n - 2K = 8(13) - 2(27) = 50$

$K = 2n + 1$

$S = 4n - 2$

$VE = 4n - 2 = 4(13) - 2 = 50$

$VP = VE/2 = 50/2 = 25$ (pares de electrões de valência).

$LP = VP - K = 25 - 27 = -2$ (LP=pares de electrões solitários).

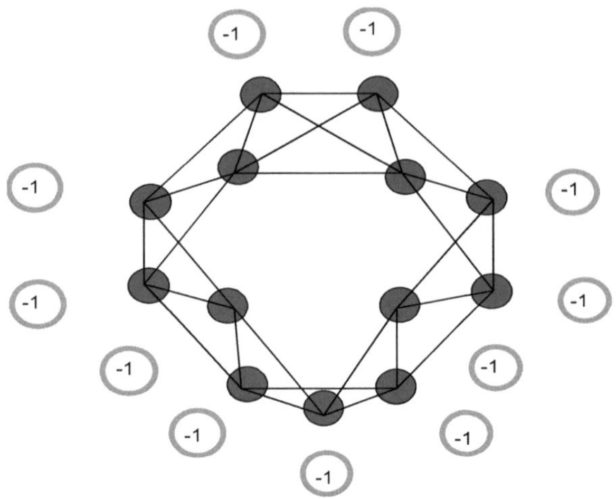

Figura 94.

S-27: $F = TlSn_8^{3-}$
n=9
VF=38
$K^* = D\ C^{zy}$
z+y=n=9
2z+2=VF-2n=38-2(9) =20
2z=18
z=9
y=n-z=9-9=0
$K^* = D\ C^{90}$
VE=4z+2+2y=4(9) +2+2(0) =38
K=2z-1+3y=2(9)-1+3(0) =17
K(n)=17(9)
K=n+t=9+8
Tl: k=2,5, V=2k=5
Sn: k=2, V=2k=4
VE=8n-2K=8(9)-2(17) =38
K=2n-1
S=4n+2
VE=4n+2=4(9) +2=38
VP=VE/2=38/2=19(pares de electrões de valência).

LP=VP-K=19-17=+2(LP=pares de electrões solitários).

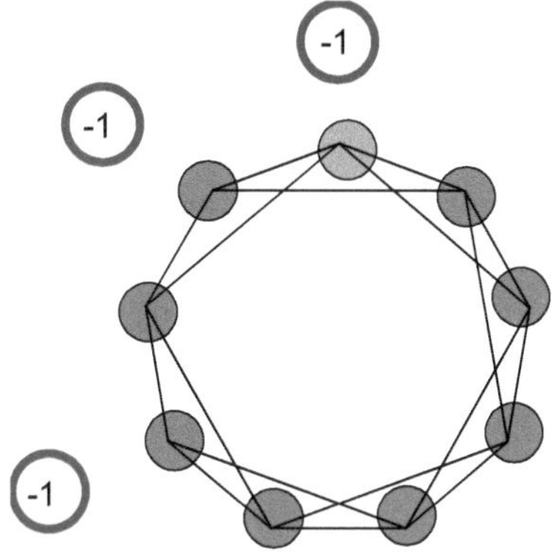

Figura 95.

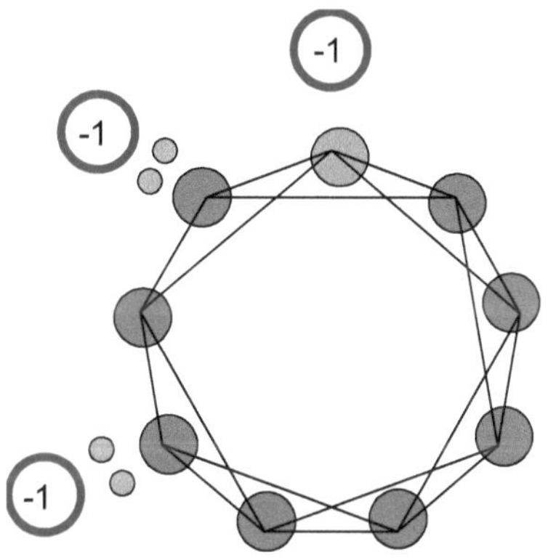

Figura 96.

S-28: $F=Sn_6^{2-}$

n=6

VF=26

$K^*=D\ C^{zy}$

z+y=n=6

2z+2=VF-2n=26-2(6) =14

2z=12

z=6

y=n-z=6-6=0

$K^*=D\ C^{60}$

VE=4z+2+2y=4(6) +2+2(0) =26

K=2z-1+3y=2(6)-1+3(0) =11

K(n)=11(6)

K=n+t=6+5

Sn: k=2, V=2k=4

VE=8n-2K=8(6)-2(11) =26

K=2n-1

S=4n+2

VE=4n+2=4(6) +2=26

VP=VE/2=26/2=13(pares de electrões de valência).

LP=VP-K=13-11=+2(LP=um só par de electrões).

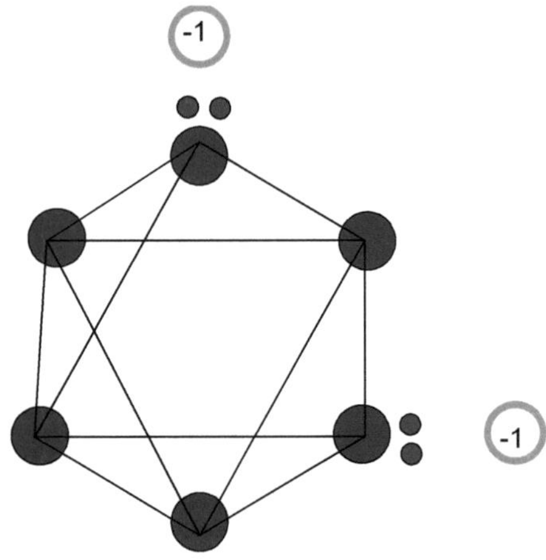

Figura 97.

S-29: $F=Sn_5^{4-}$

n=5

VF=24

$K^*=D\ C^{zy}$

z+y=n=5

2z+2=VF-2n=24-2(5) =14

2z=12

z=6

y=n-z=5-6=-1

$K^*=D\ C^{6-1}$

VE=4z+2+2y=4(6) +2+2(-1) =24

K=2z-1+3y=2(6)-1+3(-1) =8

K(n)=8(5)

K=n+t=5+3

Sn: k=2, V=2k=4

VE=8n-2K=8(5)-2(8) =24

K=2n-2

S=4n+4

VE=4n+4=4(5) +4=24

VP=VE/2=24/2=12(pares de electrões de valência).

LP=VP-K=12-8=+4(LP=um só par de electrões).

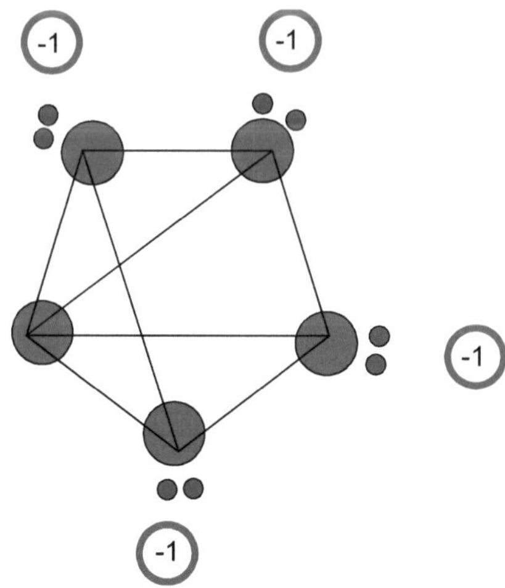

Figura 98.

S-30: $F=Si_4^{6-}$

n=4

VF=22

$K^*=D\ C^{zy}$

z+y=n=4

2z+2=VF-2n=22-2(4) =14

2z=12

z=6

y=n-z=4-6=-2

$K^*=D\ C^{6-2}$

VE=4z+2+2y=4(6) +2+2(-2) =22

K=2z-1+3y=2(6)-1+3(-2) =5

K(n)=5(4)

K=n+t=4+1

Si: k=2, V=2k=4

VE=8n-2K=8(4)-2(5) =22

K=2n-3

S=4n+6

VE=4n+6=4(4) +6=22

VP=VE/2=22/2=11(pares de electrões de valência).

LP=VP-K=11-5=6(LP=pares de electrões solitários).

Para que cada elemento obedeça à regra dos 8 electrões, os pares de electrões serão distribuídos em conformidade.

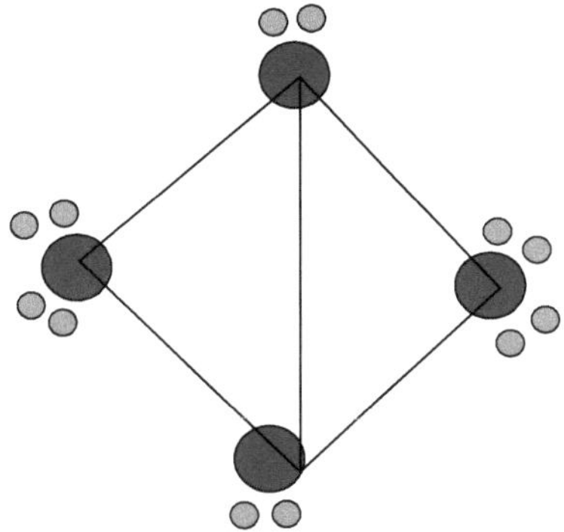

Figura 99.

S-31: $F=Si_4^{6-}$
n=4
VF=22
$K^*=D\ C^{zy}$
z+y=n=4
2z+2=VF-2n=22-2(4) =14
2z=12
z=6
y=n-z=4-6=-2
$K^*=D\ C^{6-2}$
VE=4z+2+2y=4(6) +2+2(-2) =22
K=2z-1+3y=2(6)-1+3(-2) =5
K(n)=5(4)
K=n+t=4+1
Si: k=2, V=2k=4

VE=8n-2K=8(4)-2(5) =22
K=2n-3
S=4n+6
VE=4n+6=4(4) +6=22
VP=VE/2=22/2=11(pares de electrões de valência).
LP=VP-K=11-5=6(LP=pares de electrões solitários).

Para que cada elemento obedeça à regra dos 8 electrões, os pares de electrões serão distribuídos em conformidade.

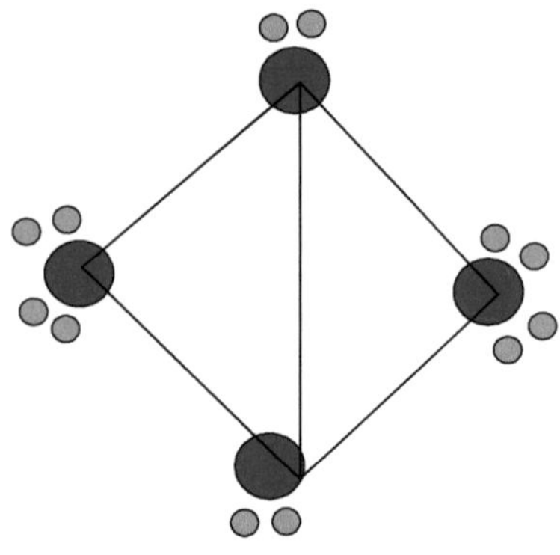

Figura 100.

S-32: $F=Si_4^{6-}$

n=4

VF=22

$K^*=D\ C^{zy}$

z+y=n=4

2z+2=VF-2n=22-2(4) =14

2z=12

z=6

y=n-z=4-6=-2

$K^*=D\ C^{6-2}$

VE=4z+2+2y=4(6) +2+2(-2) =22

K=2z-1+3y=2(6)-1+3(-2) =5

K(n)=5(4)

K=n+t=4+1

Si: k=2, V=2k=4

VE=8n-2K=8(4)-2(5) =22

K=2n-3

S=4n+6

VE=4n+6=4(4) +6=22

VP=VE/2=22/2=11(pares de electrões de valência).

LP=VP-K=11-5=6(LP=pares de electrões solitários).
Para que cada elemento obedeça à regra dos 8 electrões, os pares de electrões serão distribuídos em conformidade.

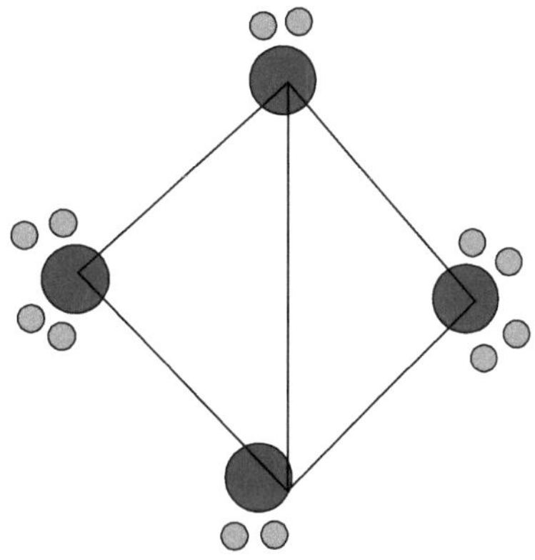

Figura 101.

S-33: $F=TI_5^{7-}$
n=5
VF=22
$K^*=D\ C^{zy}$
z+y=n=5
2z+2=VF-2n=22-2(5) =12
2z=10
z=5
y=n-z=5-5=0
$K^*=D\ C^{50}$
VE=4z+2+2y=4(5) +2+2(0) =22
K=2z-1+3y=2(5)-1+3(0) =9
K(n)=9(5)
K=n+t=5+4
TI: k=2,5, V=2k=5

VE=8n-2K=8(5)-2(9) =22

K=2n-1

S=4n+2

VE=4n+2=4(5) +2=22

VP=VE/2=22/2=11(pares de electrões de valência).

LP=VP-K=11-9=2(LP=pares de electrões solitários).

Para que cada elemento obedeça à regra dos 8 electrões, os pares de electrões serão distribuídos em conformidade.

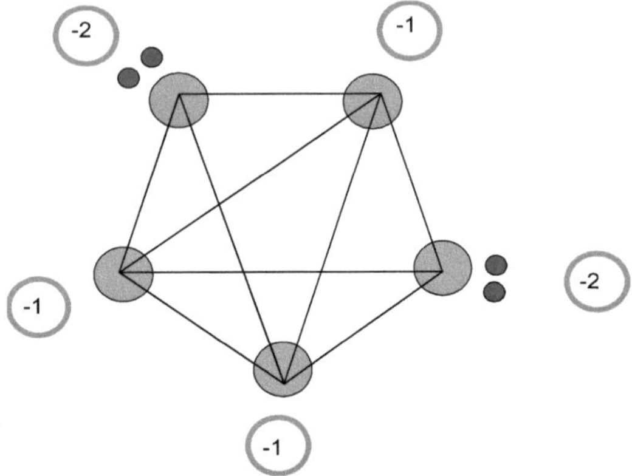

Figura 102.

S-34: $F = Li_4\ Ge_{12}{}^{8-}$

n=16

VF=60

$K^* = D\ C^{zy}$

z+y=n=16

2z+2=VF-2n=60-2(16) =28

2z=26

z=13

y=n-z=16-13=3

$K^* = D\ C^{133}$

VE=4z+2+2y=4(13) +2+2(3) =60

K=2z-1+3y=2(13)-1+3(3) =34

K(n)=34(16)

VE=8n-2K=8(16)-2(34) =60

VE=8n-2K=8(16)-2(34) =60

K=2n+2

S=4n-4

VE=4n-4=4(16)-4=60

VP=VE/2=60/2=30(pares de electrões de valência).

LP=VP-K=30-34=-4(LP=pares de electrões solitários).

K=n+t=16+18

Li: k=3,5, V=2k=7

Ge: k=2, V=2k=4

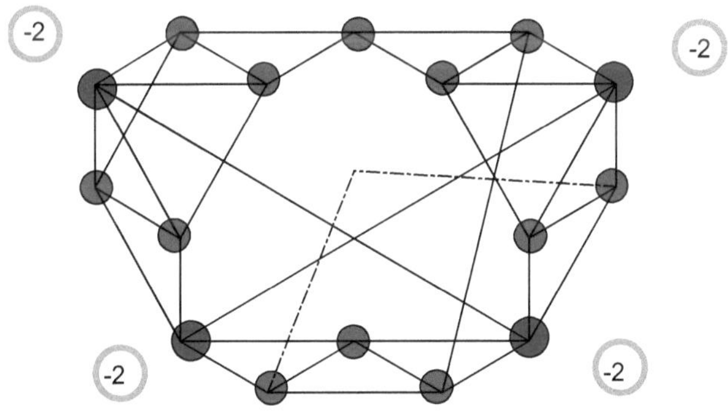

Figura 103.

O SIGNIFICADO DOS ÍNDICES DE NIVELAMENTO

CP-1: $F=Os_6 (CO)_{18}{}^{2-}$

$n=6$

$VF=86$

$K^*=D\ C^{zy}$

$z+y=n=6$

$VF-12n=86-12(6)=14$

$14=2z+2$

$2z=12$

$z=6$

$y=n-z=6-6=0$

$K^*=D\ C^{60}$

Isto significa que o aglomerado tem 6 elementos esqueléticos na concha D com uma simetria octaédrica ideal (O_h). A simetria D6 é um análogo da simetria esquelética do cloro borano $B\ H_{66}{}^{2-}$.

CP-2: $F=Pt_{38} (CO)_{44}{}^{2-}$

$n=38$

$VF=470$

$K^*=D\ C^{zy}$

$z+y=n=38$

$VF-12n=470-12(38)=14$

$14=2z+2$

$2z=12$

$z=6$

$y=n-z=38-6=32$

$K^*=D\ C^{632}$

Isto pode ser interpretado como se os 38 elementos esqueléticos da platina estivessem divididos em duas camadas, nomeadamente a camada D interna de seis elementos esqueléticos, cada um rodeado por 14 electrões de valência com o CENTRO que tem uma BASE de dois (2) electrões. Isto está de acordo com VE=14z+2=14(6) +2 =86. A segunda camada (externa) C^{32} é composta por 32 elementos esqueléticos de platina, cada um rodeado por 12 electrões de valência.

No caso de K*=D C^{60} , a camada C não tem nem elementos esqueléticos nem electrões. Está simplesmente VAZIO.

CP-3: $F = BH_{410}$

$n = 4$

$VF = 22$

$K^* = DC^{zy}$

$z + y = n = 4$

$VF - 2n = 22 - 2(4) = 14$

$14 = 2z + 2$

$2z = 12$

$z = 6$

$y = n - z = 4 - 6 = -2$

$K^* = DC^{6\text{-}2}$

Isto significa que o aglomerado BH_{410} pertence ao CLAN (grupo) D6, mas faltam-lhe 2 elementos esqueléticos com 4 electrões de capeamento para atingir o estatuto de DC^{60} clado ideal. Assim, se adicionarmos dois elementos esqueléticos com 4 electrões, o aglomerado atingirá uma simetria octaédrica ideal DC^{60}. Assim,

$BH_{410} + 2B^+ \rightarrow BH_{68} \rightarrow BH_{66}^{2-}$

$DC^{6\text{-}2} + C^2 DC^{60} \longrightarrow$

$BH_{59} + B^+ \rightarrow BH_{68} \rightarrow BH_{66}^{2-}$

$DC^{6\text{-}1} + C^1 DC^{60} \longrightarrow$

E-1: $F = Pd_{59} (CO) L_{3221}$

$n = 59$

$VF = 696$

$K^* = D\ C^{zy}$

$z + y = n = 59$

$2z + 2 = VF - 12n = 696 - 12(59) = -12$

$2z = -14$

$z = -7$

$y = n - z = 59 - (-7) = 66$

$K^* = D\ C^{-766}$

O símbolo de duplo encapsulamento $K^* = D\ C^{-766}$ significa que o aglomerado em questão carece de D^{-7} -2 electrões na concha D para que possa atingir o estatuto de encapsulamento $D\ C^{066}$.

Portanto, tem uma falta de $VE = 14z + 2 - 2 = 14z$ electrões $= 14(-7) = -98$. Assim, se adicionarmos 98 electrões contendo 7 elementos esqueléticos ao aglomerado, este atingirá o símbolo de dupla cobertura $K^* = D\ C^{066}$.

$Pd_{59} (CO) L_{3221} + Pd\ L_{714} \rightarrow Pd_{66} (CO) L_{3235}$

$F = Pd_{66} (CO) L_{3235}$

$K = 66(4) + 32(-1) + 35(-1) = 197$

$K(n) = 197(66)$

$K = n + t = 66 + 131$

$y = 1 + t - n = 1 + 131 - 66 = 66$

$z = n - y = 66 - 66 = 0$

$K^* = D\ C^{066}$

Este conceito pode ser resumido da seguinte forma:

$C^{-y} \rightarrow C^0$ e $D^{-z} \rightarrow D^0$

Existem três categorias de clusters químicos, nomeadamente:

$D\ C^{-zy} \rightarrow$ (principalmente aglomerados metálicos)

$D\ C^{zy} \rightarrow$ (agregados convencionais)

$D\ C^{z-y} \rightarrow$ (principalmente aglomerados do tipo hidrocarbonetos)

OS TRÊS TIPOS DE AGLOMERADOS QUÍMICOS

Estes são ilustrados de forma esquemática como se segue.

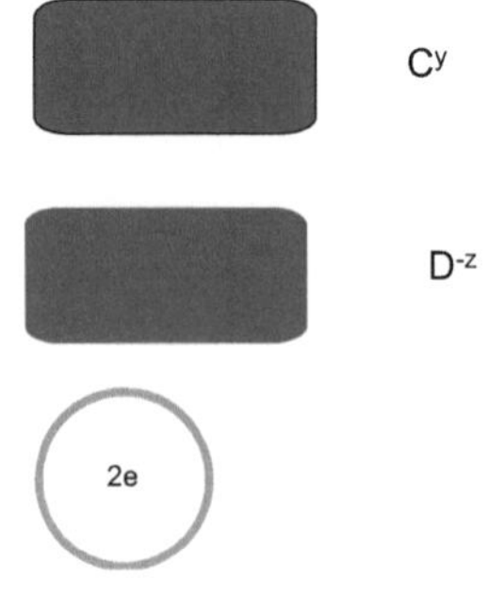

CARÁCTER METÁLICO

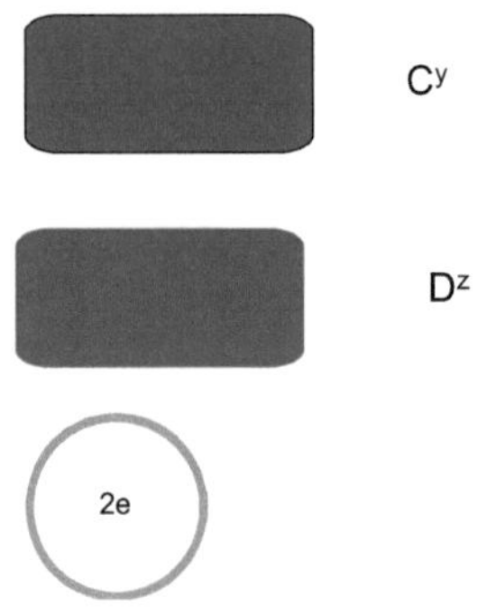

TIPO CONVENCIONAL

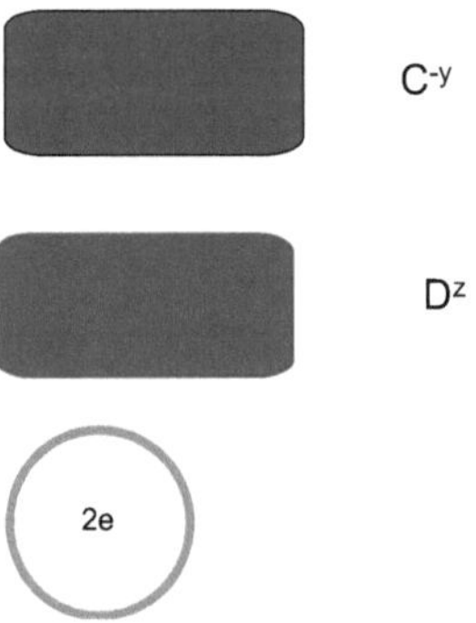

CARÁCTER DE HIDROCARBONETO

RECONHECIMENTO

O autor deseja agradecer à sua família por ter proporcionado um ambiente propício à realização do trabalho, e também deseja agradecer a Turigye Micheal pela ajuda na edição do trabalho.

REFERÊNCIAS

1. Zhong-Ming Sun, Chao Liu, Ivan A. Popov, Alexander Boldyrev, Zhongfang Chen. "Aromaticidade e Antiaromaticidade em Clusters de Zintl". *Chemistry - A European Journal*, 2018, **24**, 14418-14429. DOI: [10.1002/chem.201801715](https://doi.org/10.1002/chem.201801715).

2. Lei Qiao, Chao Zhang, Cong-Cong Shu, Harry W. T. Morgan, John E. McGrady, Zhong-Ming Sun. "[Cu4@E18]4- (E = Sn, Pb): Derivados fundidos de estanasfereno e plumbasfereno endoédricos". *Journal of the American Chemical Society*, 2020, **142**, 13288-13293. DOI: [10.1021/jacs.0c05989](https://doi.org/10.1021/jacs.0c05989).

3. Xiaoming Huang, Jijun Zhao, Yan Su, Zhongfang Chen, R. Bruce King. "Projeto de clusters de Matryoshka Icosaédricos de três conchas A@B12@A20 (A = Sn, Pb; B = Mg, Zn, Cd, Mn)." *Ciência Química*, 2024, **15**, 1018-1025. DOI: [10.1039/D3SC03868D](https://doi.org/10.1039/D3SC03868D).

4. Yi Wang, John E. McGrady, Zhong-Ming Sun. "Aniões Zintl do Grupo 14 baseados em soluções: New Frontiers and Discoveries." *Acounts of Chemical Research*, 2021, **54**, 1506-1516. DOI: [10.1021/acs.accounts.1c00101](https://doi.org/10.1021/acs.accounts.1c00101).

5. Annette Spiekermann, Stephan D. Hoffmann, Florian Kraus, Thomas F. Fässler. "[Au3Ge18]5--Um Aglomerado de Ouro-Germânio com Notáveis Interações Au-Au." *Angewandte Chemie International Edition*, 2007. DOI: [10.1002/anie.200602003](https://doi.org/10.1002/anie.200602003).

6. Esra Ogun, Okan Esenturk, Emren Nalbant Esenturk. "Propriedades ópticas e vibracionais de aglomerados de iões Zintl

de germânio integrados em níquel". *Inorganica Chimica Ata*, 2019. DOI: [10.1016/j.ica.2019.02.041](https://doi.org/10.1016/j.ica.2019.02.041).

7. "[Ge2P2]2-: um análogo binário de P4 como precursor do anião de cluster ternário [Cd3(Ge3P)3]3-." *Chemical Communications*, 2017. DOI: [10.1039/C7CC08348C](https://doi.org/10.1039/C7CC08348C).

8. K. Beuthert, B. Peerless, S. Dehnen. "Insight na formação de clusters de carbonil de bismuto-tungstênio". *Communications Chemistry*, 2023, **6**, 109. DOI: [10.1038/s42004-023-00905-6](https://doi.org/10.1038/s42004-023-00905-6).

9. H. Wang, X. Zhang, Y. Ko, et al. "Aniões Zintl de alumínio em aglomerados de alumínio e sódio". *The Journal of Chemical Physics*, 2014, **140**, 054301.

10. "Um Aglomerado Zintl Endoédrico de Casca Aberta Altamente Distorcido: [Mn@Pb12]3-." *Inorganic Chemistry*, 2011, **50**, 17, 8028-8037. DOI: [10.1021/ic200329m](https://doi.org/10.1021/ic200329m).

11. "Estudos de Reatividade de [Co@Sn9]4- com Reagentes de Metais de Transição: Síntese Bottom-Up de Clusters de Zintl Funcionalizados Ternários." *Inorganic Chemistry*, 2018, **57**, 6, 3025-3034. DOI: [10.1021/acs.inorgchem.7b02620](https://doi.org/10.1021/acs.inorgchem.7b02620).

12. Pan, F., Li, L., Wang, Y., Guo, J., Zhai, H., Xu, L., & Sun, Z. "Um Complexo Sanduíche Aromático Todo-Metal [Sb3Au3Sb3](3-)." *Journal of the American Chemical Society*, 2015, **137**, 34, 10954-7.

13. "Aglomerados deltaédricos heteroatómicos de elementos do grupo principal: síntese e estrutura dos iões Zintl [In4Bi5]3-, [InBi3]2-, e [GaBi3]2-." *Inorganic Chemistry*, 39, 23, 5383-9.

14. M.C. Gimeno. *Química Supramolecular Moderna do Ouro: Gold-Metal Interactions and Applications*. Wiley-VCH, 2008. ISBN: 978-3-527-32029-5.
15. J. Kilmartin. *Clusters moleculares de ouro como precursores de catalisadores heterogéneos*. Tese de Doutoramento, 2020.

16. Niels Lichtenberger. *Beiträge zur Zintl-Chemie der Elemente der 6. Periode im Festkörper und in Lösung*. Marburg, 2018.

Livros de Enos Masheija Rwantale Kiremire:

17. Enos Masheija Rwantale Kiremire. *Teoria da Convergência de Aglomerados Químicos. LAP Lambert Academic Publishing, outubro de 2022. ISBN: 9786205509456.

18. Enos Masheija Rwantale Kiremire. *Análise de Clusters de Lantanídeos e Actinóides*. Edições Nosso Conhecimento, janeiro de 2023. ISBN: 9786205566190.

19. Enos Masheiq Rwantale Kiremire. *Genezis OdinocHNYH Par I Skrytyh KlasteroV Protivoionov*. Sciencia Scripts, janeiro de 2023. ISBN: 9786205478356.

20. Enos M. R. Kiremire. *Istinnyj Smysl Teorii Konwergencii Himicheskih Klasterow*. Sciencia Scripts, agosto de 2023. ISBN: 9786206408758.

21. Algumas Leis Naturais Conhecidas dos Aglomerados Químicos
Kiremire, Prof. Enos Masheija Rwantale
Publicado por LAP LAMBERT Academic Publishing, 2024
ISBN 10: 6207639707 / ISBN 13: 9786207639700

20. Enos Masheija Rwantale Kiremire. *Teoria da Convergência dos Aglomerados Químicos. Edições Notre Savoir, outubro de 2022. ISBN: 9786205320327.

21. Enos Kiremire. *The New Cluster Theory as a Vital Companion for Refined X-ray Crystal: Structural Analysis of Chemical Clusters*. LAP Lambert Academic Publishing, 2021. ISBN: 9786203409918.

22. Enos Kiremire. *A New Approach to Cluster Theory of Chemical Clusters*. LAP Lambert Academic Publishing, julho de 2019. ISBN: 9786202079014.

23. Enos Kiremire. *O Código Secreto. LAP Lambert Academic Publishing, novembro de 2020. ISBN: 9786203040833.

24. Enos Masheija Rwantale Kiremire. *Classification of Superconductors Using Skeletal Numbers*. LAP Lambert Academic Publishing, maio de 2023. ISBN: 9786206166085.

25. Enos Masheija Rwantale Kiremire. *Simetria de Aglomerados de Iões Zintl*. LAP Lambert Academic Publishing, agosto de 2023. ISBN: 9786206161467.

26. Enos Masheija Rwantale Kiremire. *Ring Theory and the Genesis of Oil and Gas* (Teoria dos anéis e a génese do petróleo e do gás). LAP Lambert Academic Publishing, setembro de 2023. ISBN: 9786206784456.

27. Enos Masheija Rwantale Kiremire. *Teoria da separação e aglomerados químicos. LAP Lambert Academic Publishing, novembro de 2023. ISBN: 9786207447206.

28. Análise de Aglomerados Químicos Gigantes (Brochura)
Prof. Enos Masheija Rwantale Kiremire
Publicado por LAP Lambert Academic Publishing, 2024
ISBN 10: 620764977X / ISBN 13: 9786207649778

29. A Nova Ordem dos Aglomerados Químicos: 2n/6n
Kiremire, Prof. Enos Masheija Rwantale
Publicado por LAP Lambert Academic Publishing, 2024
ISBN 10: 6207465687 / ISBN 13: 9786207465682

Índice

Printed by Books on Demand GmbH, Norderstedt / Germany